漫话人工智能

从二进制到未来智能社会

秦曾昌　田达玮 ◎著

清华大学出版社

北 京

内 容 简 介

本书是一本面向大众读者的人工智能科普书籍，从介绍人工智能背后的逻辑、数学知识引入主题，接着用生动的语言将计算机和人工智能的诞生、算法科学、机器学习与大数据、计算机视觉、语音识别等有趣的知识融入本书，最后科普了人工智能在智能农业、智能医疗、自动驾驶等不同领域的应用。本书语言生动、深入浅出、图文并茂，列举案例贴近生活，适合作为对人工智能感兴趣的读者了解相关知识的科普读物，也可以作为大中学生、培训机构的入门教材。

图书在版编目（CIP）数据

漫话人工智能：从二进制到未来智能社会/秦曾昌，田达玮著. —北京: 清华大学出版社，2022.7
ISBN 978-7-302-61370-1

Ⅰ. ①漫… Ⅱ. ①秦… ②田… Ⅲ. ①人工智能－青少年读物 Ⅳ. ①TP18-49

中国版本图书馆 CIP 数据核字（2022）第 124772 号

责任编辑：袁勤勇　薛　杨
封面设计：张　英
责任校对：李建庄
责任印制：丛怀宇

出版发行：清华大学出版社
　　　　网　　　　　址：http://www.tup.com.cn，http://www.wqbook.com
　　　　地　　　　　址：北京清华大学学研大厦 A 座　　　邮　　编：100084
　　　　社　总　　机：010-83470000　　　　　　　　邮　　购：010-62786544
　　　　投稿与读者服务：010-62776969，c-service@tup.tsinghua.edu.cn
　　　　质　量　反　馈：010-62772015，zhiliang@tup.tsinghua.edu.cn
　　　　课　件　下　载：http://www.tup.com.cn，010-83470236
印 装 者：小森印刷（北京）有限公司
经　　销：全国新华书店
开　　本：195mm×233mm　　　　印　张：15.25　　　　字　数：245 千字
版　　次：2022 年 9 月第 1 版　　　　　　　　印　次：2022 年 9 月第 1 次印刷
定　　价：88.00 元

产品编号：096784-01

作者简介

秦曾昌　2005 年获得英国布里斯托大学（University of Bristol）人工智能方向博士学位，2005 年 10 月—2006 年 1 月在该校工程数学系任教；2006 年 2 月—2008 年 2 月在美国加州大学伯克利分校（University of California Berkeley）电子与计算机系任博士后研究员（BT Fellow），在模糊逻辑创始人 Lotfi Zadeh 教授的研究组从事文本挖掘和智能搜索的研究；2008 年 3 月到英国牛津大学（University of Oxford）Optimor Lab 任研究员，并兼任牛津大学统计系访问研究员；自 2009 年起，在北京航空航天大学自动化学院任教，同年入选教育部新世纪优秀人才支持计划；2010 年在美国卡内基梅隆大学（Carnegie Mellon University）机器人所做访问学者；2018 年—2019 年兼任 Keep 首席科学家；2019 年起兼任编程猫首席科学家。在人工智能与其交叉领域出版英文专著一本，发表 SCI/EI 检索技术论文 120 余篇，主要研究领域涉及不确定性理论、机器学习、多媒体检索、机器视觉、自然语言处理、医疗影像与计算博弈。

　　研究工作之余积极投入青少年科技教育工作，发表科普译作《活人能捐献心脏吗》《地球上有从不犯错的人吗》，获得上海市科普图书二等奖；曾担任全国青少年科技创新大赛"小小科学家"、英特尔国际工程大奖赛等赛事的终审评委，以及我国第一次太空授课专家组成员。

田达玮　中国科学院大学硕士研究生毕业，曾在大众科普网站"果壳网"担任科普编辑，撰写过数十万字的科普内容，擅长把复杂的科学原理用通俗的话讲给孩子听。在儿童科普平台"少年得到"策划并制作超过 20 门儿童科普课程，课程内容覆盖编程思维、数学、物理和生物等多个领域，参与学习的学生累计超过 100 万名，深受孩子和家长喜爱。

前言

　　眼睛是人心灵的窗户，我们可以通过凝视对方的眼神来理解他人。当有一天你走过一道需要刷脸才能通过的大门，突然间看到一个冰冷的摄像头在凝视着你的时候，你是否也曾若有所思地看着它，心中充满了疑惑——它是如何工作的？我每天的穿着打扮如此不同，它究竟是怎么认识我的？它有记忆吗？会思考吗？

　　随着类似的人工智能技术渐渐地融入人们的生活，我们开始相信未来是人与机器共存的时代，我们每个人的身份也已经开始被机器所定义。没有手机，你不仅无法正常生活，甚至也难以证明你就是你自己——你没有办法接收短信认证，联系不上家人和朋友，也无法点餐和支付。而人们的生活中如果没有了计算机，工程师将无法做技术实现，音乐人无法使用帮助他们编曲的软件，老师无法准备上课用的PPT，会计师无法方便快捷地做报表……这些例子充分说明，现在我们每个人的部分能力都是由机器所决定的，而且这个趋势仍在继续。前述提到的种种互动中，一个很重要的层面就是机器变得越来越强大，能做到更多以前只有人类才能完成，甚至人类都无法完成的工作。

　　因此，我们需要更多地了解人工智能这项新技术。本书最重要的目的是通过介绍人工智能的前世今生，让读者了解我们在未来如何与之共存。

　　无论是青少年还是成年人，我们每一个人都不妨多懂一些人工智能。人工智能不是那种自省式地去了解我们人类本身的智能，我们需要跳出人类感知的局限，用科学的语言（数学语言与程序代码）来描述与实现人工智能的技术原理。今天的人工智能主要研究如何用算法来解决很多复杂的信息处理与决策的问题，而万事万物在机器的眼中，是用不同信息来表达的。我们需要建立数学模型，这种模型可以简单地想象成输入与输出的函数关系。如"输入语音，输出文字"的关系是语音识别；"输入图像，输出字符、人脸或车牌号"是模式识别；"输入医学 MRI 或者 B 超的图像，输出病灶位置"，则是医疗人工智能。这些背后的关系正是学科专家和人工智能专家们一起从海量的数据中通过算法程序自动寻找到的。

我们人类早期的物理学原理都可以用简洁的方程与公式来表达。现在我们认为，可以被写成公式的关系都是相对简单的，不可被传统数学公式描述的关系才是复杂的，需要新的数学或算法模型来描述。类似的复杂应用在未来社会将会越来越普及。我们随时随地都被数据、算法为核心的人工智能技术所包围，这既给我们带来了极大的便利，同时也带来了新的社会或伦理道德问题。

笔者仍然记得在高中时第一次读到伽莫夫（G. Gamow）作品《从一到无穷大》时的震撼，还能回忆起曾坐在喧闹的十字路口，想象自己身在扭曲四维空间中，这样的遐想使得那时的我获得了宁静与精神上的满足。我们努力向伽莫夫这样伟大的科学家与科普作家致敬——希望能够将复杂的人工智能知识变得触手可及。读者即使不了解人工智能技术的细节，也可以通过本书理解这些技术背后的核心思路与发展脉络。

本书能够顺利出版，特别感谢编程猫的编辑团队与清华大学出版社，尤其是编程猫的刘雪娇编辑与清华社的薛杨编辑。感谢编程猫团队的秦莺飞总监、张英美编、曾纯敏编辑，以及负责插画的郭雪婷、吴茜和杨皓淇。正是因为各位合作伙伴的帮助与支持，笔者起初一些不经意形成的灵感和文字才能在如今形成精美的书籍，呈现在大家面前。读者如果在阅读本书时希望与笔者沟通，可以通过邮箱 xueyang@tup.tsinghua.edu.cn 与本书责任编辑联系。

本书献给所有对未知好奇的灵魂。每当我们仰望星空时，总会感叹宇宙的伟大、人类的渺小。而当这些渺小的灵魂低头思考的时候，产生的智慧火花不但点亮了自己，也会照亮星空与宇宙。

秦曾昌

2022 年 5 月于北京

目 录

CONTENTS

目 录
CONTENTS

1

智能源起

人工智能技术的发展正逐渐改变人们的生活方式。

我们几乎每个人手中都有一部智能手机，只须动一动手指就能够呼叫到出租车，甚至对家里的电器下达指令；小区的门禁可以根据人脸识别业主，停车场中的车牌识别可以自动计算停车费；在医院里，手术机器人已经开始被投入使用，代替医生做一些极其精巧的手术，具有图片识别功能的人工智能软件也开始帮助医生分析病理图片，从而更好地诊断病情，给病人带来福音；机器人生产线极大地提高了生产力，一台机器人能够顶十几个熟练工人的工作量；自动驾驶汽车也可能很快会来到人们的生活中，我们可以在开车时拥有自己的时间，甚至在开车时参加远程视频会议。

在这些高科技成果的背后，有着十分漫长的发展历程。

虽然我们看到人工智能技术已经达到了如此发达的水平，但是这门重要的科学早在2000多年前就已形成了雏形，它源于我们人类的智者对于复杂现象背后的逻辑和推理的研究。

🔓 从"如果……那么……"到"弱三段论"

从小到大，我们经常会听到"如果……那么……"的句式："如果你考试考了一百分，那么爸爸妈妈就带你出去旅游""如果你多看书，那么你就能够有更多的知识储备"。这种在生活中非常普遍的句式中其实蕴含着一种最常见的"逻辑关系"。

在公元前 5 世纪的古希腊，便已经出现了"如果……那么……"的推理辩论方法。如果你学过编程，可能会说，这不就是计算机语言中的"if…then…"吗？是的，只不过当时这种语法不是用来编程的，而是常常被用来做否定的推理。

看图 1-1 中的例子，根据常识，大家就知道 A 说的话是错的，这便是最简单的逻辑推理。但是这种推理需要一定的经验常识来辅助，如果 A 不知道鲨鱼是什么，那么 B 可能就无法说服他。

不要觉得这样的对话很奇怪，古希腊社会非常崇尚演讲和辩论，这样的交谈方式并不罕见。在这些辩论的过程中，人们也在不断思考如何进行辩论，这就促进了逻辑学的发展。

柏拉图曾提出过一种名为"划分法"的辩论方法。他说：

"所有动物要么是会死的，要么是不朽的，
人是动物，
所以人要么是会死的，要么是不朽的。"

举个例子，两个古希腊人相遇了，A 为了显示自己的博学，用充满自信的口气向 B 说：

所有动物都会奔跑。

这时，B 就会拿出这个看起来像编程语句的话来反驳：

如果所有动物都会奔跑，那么鲨鱼也会奔跑。

图 1-1　基于常识的逻辑推理

亚里士多德（公元前384—前322），古希腊人，被称为"百科全书式的科学家"。提起亚里士多德，我们可能会联想到教科书中那个常被当作"反面教材"的形象，例如他认为地球上的物质由水、火、土、气四种元素组成而被视为朴素唯物主义的代表，以及他认为力是维持物体运动的原因等。但实际上，亚里士多德在逻辑学、数学、哲学、美学和生物学等方面的贡献对后世影响深远。在逻辑学方面，他开创了形式逻辑的先河，被誉为逻辑学之父；在哲学方面，亚里士多德虽然没有提出复杂的辩证唯物主义，但其思想中包含着辩证法的思维方式。可以说，亚里士多德在科学以及人类发展史中是功不可没的。

在这段话中，第一行似乎是一个大前提，第二行成为一个小前提，第三行得出了结论。看上去，划分法已经形成了三段论的雏形。亚里士多德的《前分析篇》中认为，划分法是一种"弱三段论"。但划分法与真正的三段论还是有些区别的——这种"弱三段论"的结论并不是一个确定的推论，而是两种可能性。

🔓 亚里士多德和他的三段论

亚里士多德在他的著作《前分析篇》中提出了三段论的逻辑分析方法，并给出了三段论的定义："只要确定某些论断，某些异于它们的事物便必然可以从这些确定的论断中推出。"

通俗地说，只要给出了确定的大前提和小前提，就能推出确切的结论。例如，亚里士多德曾就苏格拉底之死说过一段著名的三段论，如图1-2所示。

图1-2 亚里士多德的三段论

美国导演伍迪·艾伦（Woody Allen）以此衍生了他戏谑的"三段论"，如图 1-3 所示。

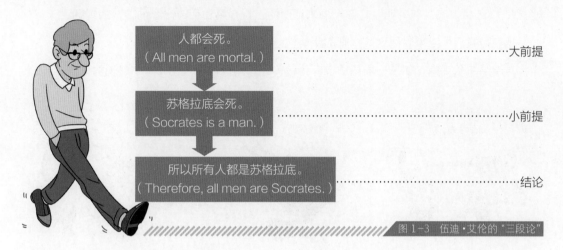

人都会死。
（All men are mortal.）························· 大前提

苏格拉底会死。
（Socrates is a man.）························· 小前提

所以所有人都是苏格拉底。
（Therefore, all men are Socrates.）············ 结论

图 1-3 伍迪·艾伦的"三段论"

这说明虽然三段论看起来比较简单，但为了确保其准确性，其实还存在很多复杂的规则。譬如，在《前篇分析》中，亚里士多德为三段论设置了一些基本规则：

1. 必须有一个前提是肯定的，并且必须有一个前提是全称命题；
2. 两个前提中否命题的数目必须与结论中否命题的数目相同；
3. 每个证明都是且只能是通过三个词项得到的。

这些规则里有一个重要的概念：全称命题。全称命题是指某一类事物的全部成分（个体）都具有或都不具有某种性质。例如"人都会犯错""鸟都会飞"等包括了泛指某一类事物的词，因此这些前提都是全称命题。全称命题概念的出现也为后来数学中"集合"概念的提出奠定了基础。

为了方便记忆，我们把 3 条规则分别叫作"全称命题""数目相同"和"三个词项"。

仅看规则不免有些晦涩，不妨通过"苏格拉底之死"的例子来理解三段论的规则。

在"苏格拉底之死"的三段论中，两个前提分别是"人都会死"和"苏格拉底是人"，都是肯定的命题，且"人都会死"是一个全称命题，符合第 1 条"全称命题"的规则。

结论是肯定的，两个前提也是肯定的，满足第 2 条"数目相同"的条件。这个证明是通过"人""苏格拉底"和"死"这 3 个词来证明的，符合第 3 个"三个词项"的规则。

现在，我们可以来验证这些规则的正确性。

对于第 1 条规则，如果三段论中没有全称命题，则可能出现图 1-4 中展现的情况。

野猪会跑，

乌鸦会飞，

所以野猪会飞。

图 1-4 违反第 1 条规则的三段论

显然这是一个荒谬的三段论，这是因为两个被比较的内容其实毫无任何关联。所以，必须有一个全称命题，使得相对比的两个东西有关联。

对于第 2 条规则，如果前提和结论中的否命题数目不同，则可能出现图 1-5 中展现的情况：

所有的水果都不好吃，

菠菜不是水果，

所以菠菜好吃。

图 1-5 违反第 2 条规则的三段论

前提中有一个否命题，而结论却是肯定命题，因此这也是一个在逻辑上不成立的三段论。

对于第 3 条规则，如果一段证明中出现了 4 个词项，可能会得出下列论断：

"所有人都会死，

苏格拉底是人，

所以凯撒会死。"

在这里，凯撒这个无辜而又悲惨的"第四者"出现了，使得这个证明失去了逻辑关系。

引入变项

亚里士多德在《后分析篇》中采用变项来表示某一特征或某一内容，类似于计算机中的"赋值"。他用 A 来表示肯定的命题，用 E 表示否定，并认为所有的三段论都可以转化为 AAA 或 EAE 两种形式，如图 1-6 所示。

图 1-6　三段论的两种形式

亚里士多德还将他的三段论划分为 3 个格式和 14 个有效形式，具体内容我们就不在这里细述了。

这套推理系统中已经出现了现代逻辑公理系统的雏形，保证了逻辑推理系统的有效性和必然性，也保证了推理结果是"逻辑真理"。

得到"逻辑真理"这点在逻辑分析中至关重要。在这套逻辑推理系统产生前，若想对某些事物进行判断，依靠的是个人经验。人们的经验总是有限的，因此能够做出判断的内容也是有限的。而根据亚里士多德的逻辑推理系统，人们可以不依赖经验事实，而只通过逻辑分析的方法得到"逻辑真理"。正如罗素认为的那样："逻辑只与形式有关，它们不包含任何经验的内容，它们不依赖其内容而仅依赖其形式。"亚里士多德的逻辑推理系统对于逻辑学的发展有重大意义，同样对计算机的发展也具有重要意义——计算机并不存在生活经验，因此需要一套完全不依赖经验的"逻辑真理"的体系。

 ## 乌鸦悖论

"树叶是绿色的"和"乌鸦是黑色的"之间竟然有关系？

亚里士多德的三段论推理系统保证了推理所得的结果是"逻辑真理"。而逻辑学的有趣之处在于，一些在逻辑学中被认为正确的事情可能会与人们的直觉相矛盾，让人们很难理解和接受，其中典型代表就是乌鸦悖论。

先来看一个命题："所有乌鸦都是黑色的"。

我们已经看过了几百只乌鸦，它们都是黑色的，我们就使用归纳法，认为乌鸦

都是黑色的，也就相信这一命题是真的。之后我们每看到一只黑色的乌鸦都会让我们更加确信这一命题为真。

在数学上，有一个"逆否命题"的概念：命题"若 A，则 B"的逆否命题是"若非 B，则非 A"。而一个命题和它的逆否命题在逻辑上是等价的。

如果我们认为原命题"所有的乌鸦都是黑色的"为真，那么它的逆否命题即"所有不是黑色的东西都不是乌鸦"也是真命题。同时，每当我们看到一棵绿色的大树、一盏蓝色的台灯、一只褐色的烤鸭时，就让"所有乌鸦都是黑色的"这一命题的可信度又增加了一分（这在概率论学科中称为贝叶斯概率）。

在我们的直觉中，看到一棵绿树、一张白纸与乌鸦似乎并没有任何关系，但却要接受我们已经"在逻辑上增加了乌鸦颜色命题的可信度"的事实，这往往令我们很难理解。这就是著名的乌鸦悖论，它是一个人们的直觉和感性的认知与逻辑学中的理性判断之间存在矛盾的著名案例。

我们来看另外一个例子，如果我们有如图 1-7 所示的 4 张卡片，每张卡片一面是字母，另一面是数字。如果为了验证下面这一条命题是否正确："如果卡片一面印有元音（A、E、I、O、U），那么另一面会是偶数"，应该翻看哪两张卡片来验证呢？

图 1-7 4 张卡片

很多人第一直觉想到的是翻看 A 和 4，看元音 A 后面是不是偶数，看偶数 4 后面是不是元音。但是仔细思考一下，你会发现要验证的命题是：

如果一面是元音，那么另一面是偶数。

没有说偶数的另外一面是元音，所以无论 4 后面是不是元音，都无法支持或反对上面的规则。而跟上面命题等价的逆否命题是：

如果一面不是偶数，那么另一面不是元音。

这样，我们需要翻的两张卡片是 A，以及卡片里唯一的奇数 7。

翻看卡片 A 背面是否为偶数可以直接验证命题，翻看卡片 7 背面是否为"非元音字母"则可以验证其逆否命题，也是在间接验证命题本身。

1.2 机器的语言

我们的生活中存在着各种各样的语言。不同国家的人使用不同的语言，即使你用中文和一个听得懂中文的外国人交流，依然会引起很多问题，例如图 1-8 所示的经典中国式问题——"吃了吗？"

图 1-8　不同文化背景的语言误解

或者第一次在北京坐地铁，会遇到如图 1-9 所示的情况——发现有人问："您要不要下车？"

图 1-9　陌生环境的语言误解

戈特弗里德·威廉·莱布尼茨
（Gottfried Wilhelm Leibniz）

莱布尼茨（1646—1716），德国数学家、哲学家，是历史上少见的通才，被誉为"17世纪的亚里士多德"。在数学上，他和牛顿先后独立发现了微积分，而且他所使用的微积分的数学符号被普遍认为更综合，因此被更广泛地使用。莱布尼茨还发现并完善了二进制。在哲学上，莱布尼茨的乐观主义最为著名——他认为，"我们的宇宙，在某种意义上是上帝所创造的最好的一个"。

当我们与外国人交流时，往往先将对方说的话转换成母语来理解，之后再将我们想说的话翻译成对方的语言与之交流，效率自然比较低下。即使是两个中国人交流，也可能因为不同的方言而存在许多交流障碍。

那么，你有没有想过世界上是否存在一种"通用语言"，不仅各个国家间的人们都能理解，就连不具备任何智能的机器也能理解呢？这种连机器都能懂的"通用语言"被称为"符号语言"。而说到符号语言，就不得不提一位著名的科学家——莱布尼茨。《简明逻辑史》的作者亨利希·肖尔兹提到莱布尼茨在符号语言中的贡献时，曾评价"人们提起莱布尼茨的名字就好像谈到日出一样"，足以见得莱布尼茨的符号语言影响之重大。基于这种通用语言的思想，有不少学者创造了脱离国家和地区的"世界语"，莱布尼茨也被后人推崇为世界语的先驱。

🔓 为什么要建立符号语言

既然人类的语言体系经过了漫长的发展，莱布尼茨为什么又要抽象出一种符号语言呢？莱布尼茨认为，将复杂事物转化成符号表示，通过数学计算来代替思考，可以消除人们相互交流时产生的误解与歧义，减少没有必要的争论，使得生活更加高效。因为数学的结果总是明确的，一旦出现了争执，大家可以将问题转化为数学运算，只要一起坐着演算一番便可知道孰对孰错。因此，他希望寻找一种能够包含全人类思想的符号系统以及操纵这些符号的演算规则（也就是通用语言）。

这种将人的思维抽象为数学运算的方法也确实能够起到很好的计算和推理效果。例如，当我们学会方程的概念后，再遇到"鸡兔同笼"的问题时，我们会自然而然地假设有 x 只鸡、

y 只兔子，再根据一共有几个脑袋、几条腿这样的条件列出下面这个二元一次方程组来求解：

$$\begin{cases} x + y = 49 \\ 2x + 4y = 100 \end{cases}$$

这一过程实际上就是将现实问题转化为符号语言的过程。如果不用这种方式，我们也可以用小聪明的方法去得到答案，但是却不具备通用性。而如果想用机器来解决这类问题，我们就不得不对自己的思维进行抽象，毕竟机器并不知道什么是鸡、什么是兔子，所以通用的方法对于机器就特别重要。

莱布尼茨还主张用逻辑符号来表达人类思想，并重新诠释了逻辑的基本法则，如 $a=b$，$b=a$。这一法则看似简单且几乎是不言而喻的，但在逻辑学上却具有重大意义。它意味着如果某一物可以被另一物替代且不影响其真实性，则可以认定它们是同等的。这一发现十分重要，通过这一法则，莱布尼茨完善了亚里士多德的三段论，将亚里士多德三段论的 3 格 14 式扩展成了 4 格 24 式。

数据折叠——计算与二进制

符号语言的发展与计算器密不可分。莱布尼茨一生设计并制作了多种计算器，其中有一款至今仍被保留在德国汉诺威国家图书馆里（见图 1-10）。更值得称赞的是，莱布尼茨在一部分计算器的计算系统中创造性地引入了二进制系统，并且在《皇家科学院科学论文集》中发表了著名的《二进制计算的阐述》一文。这篇文章在莱布尼茨的时代并没有引起其他学者太多的注意，但在今天看来，二进制的引入无疑是计算机发展史上的重大创举。二进制的引入为计算机的发展奠定了逻辑基础，从 1946 年诞生的大而笨重的第一台计算机到今天小巧便携的笔记本电脑，都是基于二进制运算的计算机。无论计算机所处理的信息是数字、文字，还是图像，这些信息都会被转换成基于 0、1 二进制运算系统的信号，一串串的 0、1 也成为了计算机和信息时代的代表符号。

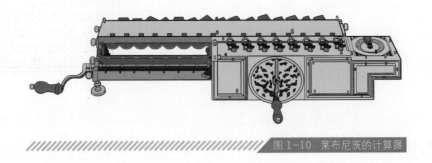

图 1-10　莱布尼茨的计算器

传说莱布尼茨的二进制思想某种程度上受到了中国文化的影响，一个朋友从中国给他带来了一个八卦图，里面的卦象表示方式就是以二进制的形式表示不同的方位。

如果把卦象中的"阴""阳"分别变成 0、1（见图 1-11），那么八卦就是从 000 到 111 的 8 个二进制数。比如坤卦的表示就是 000，而乾卦则是 111。相对两个卦象的 0、1 构成正好是相反的。八卦图及其二进制解读如图 1-12 所示。

1　　　　0

图 1-11　卦象

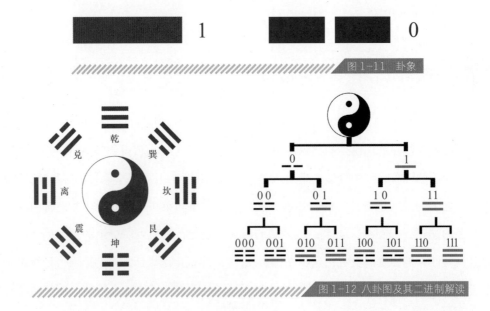

图 1-12　八卦图及其二进制解读

在八卦的排布之中，两两相对的卦象对应数字相加之和均为 7（十进制）。早在二进制和十进制出现之前，我们祖先的智慧就体现在了八卦的和谐之美之中。

计算机采用的是二进制，更重要的原因在于 0 和 1 两种状态能够用简洁的运算代表广泛的意义。二进制中，我们可以用数字 0 和 1 来代表灯"亮"和"熄"、开关的"开"和"关"、电压的"高"和"低"这些截然不同的状态。如果用十进制，则需要 10 种不同的物理状态来描述 0～9，不但更复杂，而且更容易出错。

 ## 十进制与其他进制

其实早在二进制出现之前，十进制就已经成为最为普遍的计数方法。

中国古代笑话中有这样一个故事：从前有一个土财主，虽说有钱，但不识字。有人劝他给儿子请个老师。土财主认为有道理，就请来一位教书先生教他的儿子学写字。他手把着学生的笔杆子，写了一划，告诉他是个"一"字；写两划，告诉他是个"二"字；写三划，告诉他是个"三"字。财主的儿子学到这里非常得意，把笔一丢，就回家告诉他父亲说："我学会了，我都学会了！原来写字容易得很。我用不着老师了，把老师辞退吧，何必多花学费呢？"财主听了也很高兴，就辞退了老师。有一天，财主要邀请一位姓万的朋友，叫儿子早晨起来写张请帖。可是，等了老半天还不见写来，就去催儿子快一点。儿子抱怨说："您不识字，不知道写字的困难。天底下那么多的姓，他姓什么不好，偏偏要姓万？我从清早写来，一直写到现在，才刚刚写完三千八百多划！"

这虽然是一则笑话，但是也反映出古人在计数中出现的问题。如果数字太大，应该如何表示呢？如果使用手指计数，一个手指代表 1，两个手指代表 2，以此类推，那么数完 10 个手指怎么办呢？需要重新开始计数，据说这正是"逢十进一"概念的由来。早在 3000 多年前的殷商时期，中国古人就发明了象形文字分别代表 1，2，…，9 等数字，甚至 10，100，1000，10000 等进位上的数字也有对应的文字，如图 1-13 所示。

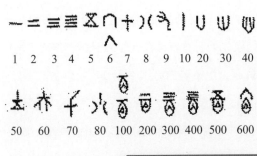

1	2	3	4	5	6	7	8	9	10	20	30	40

50	60	70	80	100	200	300	400	500	600

图 1-13　甲骨文中的数字

无独有偶，古埃及人也发明了一些特殊符号来对应十进制单位中的每一数位。图 1-14 是数字 5724 的古埃及象形文字表示。如果需要记录某个位置上的具体数字，则使用对应数位上的象形符号重复对应次数即可。

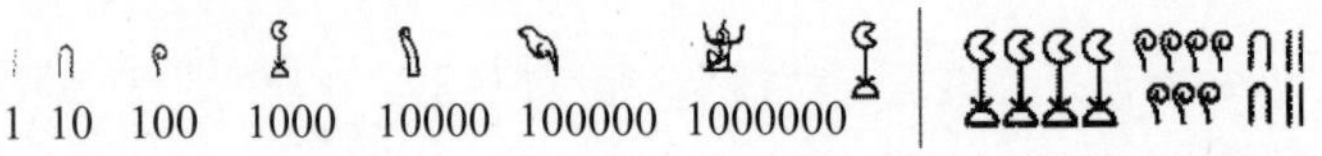

1	10	100	1000	10000	100000	1000000

左图：古埃及人的数字符号。　　右图：用古埃及象形文字表示数字 5724。

图 1-14　古埃及的数字

十进位值制的记数法是古代世界中最先进、科学的记数法，对世界科学和文化的发展有着不可估量的作用。我们很容易发现这种计数方式仍然很是烦琐，所以后来出现了利用数位来计数的方法，使得十进制的使用更为方便。例如，我们将 5724 表示为：

$$5 \times 10^3 + 7 \times 10^2 + 2 \times 10^1 + 4 \times 10^0$$

我们只需要在第 4 位（千位）上用 5，而不用重复画 5 个"花"来代表 5000 了。因为我们在阅读习惯上喜欢从左到右和从大到小，所以我们才有目前世界通用的记数法。想象一下如果我们按照旧式古文的阅读方法，也许我们将 5724 表示如下也未尝不可：

5
7
2
4

　　所以，目前的记数法是我们人为发明后被广泛接受的计数习惯。除了十进制，常见的计数方法还有六十进制和十二进制等其他进制，比如我们在时间上常用六十进制：1小时等于 60 分钟，1 分钟等于 60 秒。虽然 1 天等于 24 小时，然而实际上我们却不太习惯用 24 个刻度的时钟，而是用白天和夜晚各 12 小时来代表 1 天。1 年中有 12 个月，这些都是十二进制的体现。在英文中，11 为 eleven，12 为 twelve，13 之后才是规则的thirteen，fourteen……说明古英国人的生活中常用十二进制，否则 11，12 或许会成为oneteen，twoteen。

1.3 从石子到机械

菜市场买菜和丈量星球之间的距离有什么共同点？答案是它们都要用到数字的计算。无论是人口密度、国民生产总值（GDP），还是高铁的速度，一个人的身高、体重，甚至一个同学的数学成绩，都可以用抽象的数字来描述。用数字将人们可以直接感知到的度量抽象出来，是数学的一个巨大进步。

现在人们当然已经习惯使用电子设备，免去了烦琐和易失误的计算过程，但在计算器出现之前，人工计算是一个逃不开的问题。当然，即使在科技不发达的手工计算时代，也总有聪明人给自己找一个"偷懒"的方法：使用工具。

手工计算时期的计算工具以辅助性为主。最早的辅助性工具包括石子、结绳，以及我们的祖先从商周时代开始用木棍或竹片制成的"算筹"（见图 1-15）等。算筹有横竖二式不同的摆法与规则用来计算。古代战争中两军对垒，很多战略的制定，如粮草、兵马等部署都需要计算。成语"运筹帷幄"指的就是在军帐中用算筹来计算。我们甚至把这个发展起来的应用数学领域叫作"运筹学"。这些工具通过使用现成的物品记录计算过程，帮助人们记忆和计算。但很快，这种记录形式的辅助工

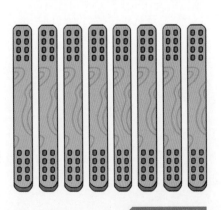

图 1-15 算筹

具就已经满足不了人们日益增长的数据计算需求了，因此，又出现了算盘、纳皮尔棒这样的辅助计算工具。

算盘是手工计算时代的计算器之王，大家也都很熟悉，就不多做介绍了，下面主要讲讲我们并不太熟悉的纳皮尔棒（见图 1-16）。

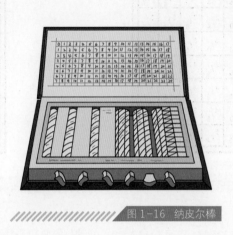

图 1-16　纳皮尔棒

纳皮尔棒由 16 世纪的苏格兰数学家、物理学家、天文学家约翰·纳皮尔（John Napier）发明，主要用来计算乘法与除法。它的巧妙之处在于实现了乘除法到加减法之间的转换。

加法的核心思想是两数相加，而乘法是基于加法的原理，实现多个相同数的相加。在计算乘法时，我们可以回归到加法上，实现运算的结合。比如 12×43，可以认为是 40 个 12 与 3 个 12 的和，即 $12 \times 43 = 12 \times 40 + 12 \times 3$，于是，一个乘法问题就转化为两个数相加的问题。

纳皮尔棒由一根根圆柱小棒组成，每根小棒代表一个数 a，小棒从上到下记录着一串数字，分别是该数 a 与 1~9 这 9 个数字的乘积结果，这个结果由两个数字组成，分别是乘积的十位和个位，用斜线划分。把代表 1~9 的 9 根纳皮尔棒排列起来，其实也就是我们熟悉的乘法表。纳皮尔棒的示意图如图 1-17 所示。

纳皮尔棒是如何使用的呢？图 1-18 中以 12×43 为例，首先按顺序取出 1 和 2 两根纳皮尔棒，组成第 1 个乘数，然后再根据第 2 个乘数 43 框出这两根纳皮尔棒的第 3 行和第 4 行。

算式已经列好，接着就要计算结果了。

图 1-17　纳皮尔棒示意图，
每一列表示一根小棒

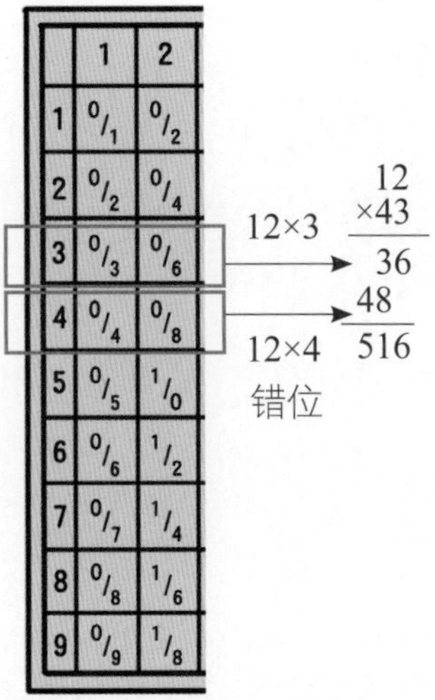

$$12 \times 3$$
$$12 \times 4$$

$$\begin{array}{r} 12 \\ \times 43 \\ \hline 36 \\ 48 \\ \hline 516 \end{array}$$

错位

图 1-18　使用纳皮尔棒计算 12×43

前面我们讨论过，12×43=12×40+12×3，而根据纳皮尔棒，我们现在能直接看到 12×3=36 和 12×4=48，而纳皮尔棒得到的 48 是真实加数 480 的十分之一，因此，将 36、48 错位相加，计算 36、480 这两个数的和，就得到 12×43 的结果 516。纳皮尔棒还可以把乘除法转为加减法，一定程度上简化了手工计算时代的运算过程，因此，16 世纪及之后，纳皮尔棒在欧洲得到广泛的应用和推广。

🔒 帕斯卡三角

说到帕斯卡三角，中国学生可能对它有些陌生，那如果说帕斯卡三角实际上是杨辉三角，大家是不是就恍然大悟了？ 11 世纪时，中国北宋数学家贾宪首先发明了贾宪三角形。13 世纪，南宋数学家杨辉在《详解九章算术》里详细解释了贾宪三角形，并绘制"古法七乘方图"，形象地用数字与图形结合的方法描述这种数字结构，影响深远。后人则沿用"杨辉三角"的叫法（见图 1-19）。

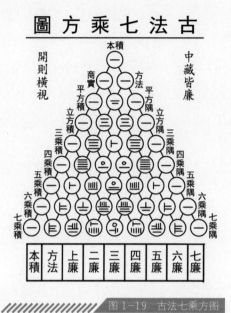

图 1-19 古法七乘方图

1655 年，帕斯卡在他的著作《算术三角形》（*Traité du Triangle Arithmétique*）中搜集总结前人关于这种三角形的结论，并用它解决一些概率论上的问题，扩大了杨辉三角在欧洲的影响力，欧洲人由此称其为帕斯卡三角。帕斯卡三角有一些神奇的特点，使无论东方还是西方的数学家们都乐此不疲地研究它。

图 1-20 是帕斯卡三角的前 5 层。帕斯卡三角每一层都是从 1 开始，以 1 结束，而中间的每个数都是其顶上两个数相加之和，比如第三行的 2 是左上方数字 1 和右上方数字 1 的和，以此类推，非常简单。

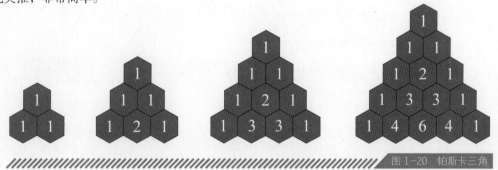

图 1-20 帕斯卡三角

帕斯卡三角的构建虽然简单，但它形成的数字三角形却有许多美妙的数学性质。首先，它是左右对称的，每一行从 1 增加到最大值，再减小回到 1，总共有 n 个数。其次，从帕斯卡三角构建中可以看到，其第 $n+1$ 行的第 i 个数等于 n 行的第 $i-1$ 个数与第 i 个数之和，用符号 $S(n,i)$ 表示第 n 行第 i 个数，则 $S(n+1,i)=S(n,i-1)+S(n,i)$。例如：$S(4,2)=S(3,1)+S(3,2)=1+2=3$。

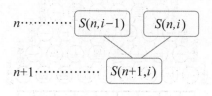

帕斯卡三角的另外一个重要性质与排列组合有关，其第 n 行的第 k 个数为排列组合的组合数 C_{n-1}^{k-1}，即从 $n-1$ 个元素中取 $k-1$ 个元素的组合情况。这一点在二项式定理中有应用，由于：

$$(a+b)^n=C_n^0 a^n b^0+C_n^1 a^{n-1} b^1+\cdots+C_n^n a^0 b^n$$

则帕斯卡三角中，第 n 行的 n 个数分别代表了 $n-1$ 次二项式展开后各变量的系数。

$(a+b)^0=1$ ·· 1

$(a+b)^1=1a+1b$ ·· 1   1

$(a+b)^2=1a^2+2ab+1b^2$ ······························· 1   2   1

$(a+b)^3=1a^3+3a^2b+3ab^2+1b^3$ ················ 1   3   3   1

$(a+b)^4=1a^4+4a^3b+6a^2b^2+4ab^3+1b^4$ ······ 1   4   6   4   1

这些系数在概率学里面就是二项式分布的频率，如果我们加大 n，这个分布还会趋近正态分布（也称为高斯分布）。

高尔顿钉板

英国生物统计学家弗朗西斯·高尔顿（Francis Galton）为了验证中心极限定理，发明了高尔顿钉板（Galton Board）。它是一块竖直放置的板，上面有交错排列的钉子。让小球从板的上端自由下落，当其碰到钉子后会随机向左或向右落下。它有 50% 的概率跑到左边，50% 的概率跑到右边。在经过数次这样随机的"左右选择"之后，小球掉落到钉板底端的格子中。

最终，格子中小球的数量直观地体现了这一过程的概率分布。小球落入某个格子的概率被称为"二项分布"，而当钉子、格子和小球的数量足够多时，小球的分布接近正态分布，如图 1-21 所示。

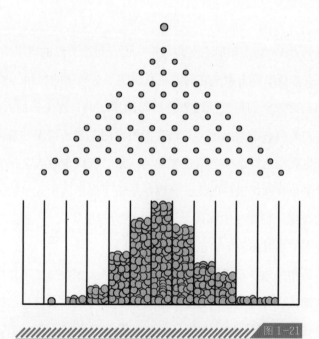

图 1-21

高尔顿钉板游戏：也许小时候我们也玩过这样的游戏，每扔一次小球要给老板一块钱，但是最好的奖品一定被老板放到了左右两边，中间部分一定放有最便宜的奖品。

每个部分的概率可以用帕斯卡三角的方法来展开：

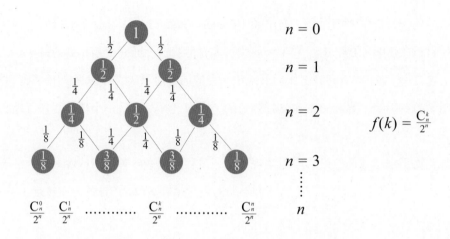

$$f(k) = \frac{C_n^k}{2^n}$$

给定初始的概率为 1，到了帕斯卡三角的第 2 层，每个节点的概率是 1/2。随着每一层的加深，每一个节点的概率都来源于它的"左右肩膀"上概率的加和。生活中很多的现象都可以用正态分布描述，它们最终的结果是沿时间累加的。想象你的人生如同这个小球，面临着许多向左走还是向右走的问题，如果我们假设向左走是错误的选择，向右走是正确的选择，我们的人生就是这些正确与错误累加的结果。有极少数人会都选对，走向了最右边的人生高峰；但是也有同样极少的人，会因都选错了而走向了人生的低谷。我们普通人都是正确与错误的叠加，积累在中间的大部分会成为"中等"，只是会有些稍稍区分，例如"中等偏上"或者"中等偏下"而已。

也许你会觉得最初的选择很重要，但实际上是你"大多数"的选择更重要。每一次向左之后，都有无数的机会可以纠正向右走。关键是我们每次向右选择的概率能比向左大多少，而不是初始的一些"错误"就会让人一失足成千古恨。

🔓 帕斯卡计算器

除了帕斯卡三角，帕斯卡还用 10 年时间研制机械计算器，为的是解决当时手动计算低效、烦琐的问题。在 15 世纪的欧洲，数学计算主要以手算为主，尽管有一些辅助工具，如三角函数表、乘法表、纳皮尔棒等，但这些辅助工具也是数学家经手工一个个计算出来的，在实际使用中可以查询简单的运算结果，却不具有足够的灵活性，不能解决广泛的数学问题。

在这种计算环境下，帕斯卡想制造一种可以自动进行加减法运算的机械装置，能够适应不同的数学计算问题，减轻人为计算的工作量，也减少手动计算时的失误率。

图 1-22 即帕斯卡计算器（又称帕斯卡机）的整体构造。下面一排轮轴式表盘是计算器的输入部分，而上面一排数字是结果输出部分。使用帕斯卡计算器时，需要在输入表盘相应位置旋转相应的格数，如数字 123 就是在百位、十位、个位分别旋转 1、2、3 格，这时，机器上面的显示部

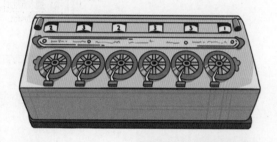

//////////////// 图 1-22 帕斯卡计算器

分会显示 123 这个数字，再在表盘各位输入需要相加的数字，比如还是 123，则在原先表盘的基础上，再在百位、十位、个位上分别转动 1、2、3 格，这时输出部分能直接显示相加结果 246，方便快捷。输出部分除了数字显示，还有一个可以滑动的长方形挡板，上下移动挡板遮挡住数字 246 后，原先遮挡的部分会显示出另一个数字 753，这又有什么用呢？别急，后面我们将详细道来。

先说说帕斯卡计算器的运转原理，帕斯卡计算器是纯机械结构的计算机器，我们可以将它分成两部分介绍：内置装置和进位装置。

内置装置即输入部分到输出显示部分的内置机械结构，如图 1-23 所示。从结构图中我们可以看到，输入部分到输出部分是齿轮传送结构。输入表盘 Q 的一个圆周表示 10 个数字 0~9，一个齿轮 S 上设计 10 个齿槽，这样，数字加 1 时，输入表盘就转动一格，齿轮也随之

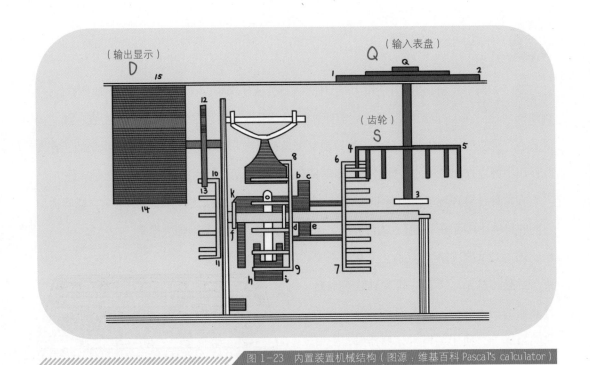

转动一个槽，通过机械传送，输出显示部分 D 就相应跳动一个数字，非常简单高效。

　　进位装置是不同输入表盘之间的机械连接部分，当加法运算出现向前进位时，这部分就派上用场了。图 1-24 展示了进位装置的机械结构和进位过程，图中右边是低位输入表盘 GL，左边为高位输入表盘 GH。图 1-24（a）表示当低位的表盘每转动一圈需要进位，即数字从 9 变成 10 时，齿轮盘 GL 顺时针转动，沿箭头 1、2 方向抬起中间的杠杆装置 L。低位齿轮盘转动一格后，撤去对杠杆装置的推动力，杠杆装置由于重力作用落下，如图 1-24（b）的箭头 3 所示。此时，杠杆最底下的一根腿 S 就碰到高位齿轮盘上突起的杆 P。接下来，杠杆 L 借着腿 S 与 P 点的接触，顺着方向 4、5、6 推动高位齿轮盘 GH 转动一小格，如图 1-24（c）所示。这样，高位加 1，低位回到起始点 0，就实现了低位向高位进位的过程。

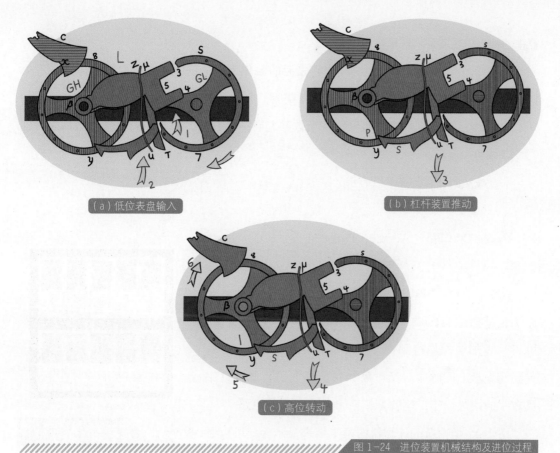

（a）低位表盘输入　　　　　　（b）杠杆装置推动

（c）高位转动

图 1-24　进位装置机械结构及进位过程

内置装置和进位装置两部分的巧妙设计，便实现了从输入到输出，从低位到高位的计算器机械结构传动，也成功完成了包含进位的数字机械相加。但从机械结构上看，转盘似乎不能逆时针转动，那数字的减法运算又是怎么实现的呢？

🔓 补九码的计算方式

这里就是揭晓帕斯卡计算器"神秘挡板"的地方了！为了解决数字相减的问题，帕斯卡开创性地发明了补九码的计算方式，这可以说是非常了不起的思想了，现代计算机二进制运算中的补码思想就是从这里借鉴而来的。

对于每一位数，我们将用9减去它之后的数称为它的补九码，比如0的补九码是9，1的补九码是8，11的补九码是88，以此类推。我们用符号 CP(a) 表示数字 a 的补九码，则 CP(0) = 9 - 0 = 9。当然，如果取一个数补九码的补九码，得到的就是这个数本身，即 CP(CP(a)) = a。

那么减法的计算公式可以表示为：

$$a - b = CP(CP(a - b)) = CP(CP(a) + b)$$

从上面的式子我们可以惊喜地发现，补九码的运算方法把减法运算转成了两个数的加法运算，也就是说，可以通过加法操作得到两个数相减的结果！这样一来，只要在表盘上同时显示操作数和它的补九码，便可以完成数字的减法操作，这就是帕斯卡减法运算的思路。

图 1-25 是帕斯卡计算器的两个结果显示区，可以看到，这个显示区分别体现了数据原码（黄色数字）和数据补九码（灰色数字）。

图 1-25 帕斯卡计算器上的原码与补九码

例1：帕斯卡计算器减法操作的计算过程

现在我们要计算 54321-12345。首先，在输入表盘上输入数字 54321，从图 1-25 中的上半部分可以看到，表盘显示了两个数字，分别是原数 54321 和它的补九码 45678。（即 CP(54321)=45678）遮住原数字部分，只看补九码 45678，用补九码 45678 加上减数 12345，即 45678+12345=58023（CP(54321)+12345=58023），可以看到，58023 出现在计算结果的灰色框中，反过来，再看 58023 的补九码 41976，发现 54321-12345=41976！也就是说，通过两次求补九码的操作，可以把两数相减转为两数相加，而这，就是帕斯卡计算器减法操作的计算过程。为了避免原操作数和补九码混淆，帕斯卡特地设计了移动挡板，这样，计算时便可以遮挡不需要观察的数据，省得两个数据同时出现看得迷糊。

用机械传动实现数字相加，用补九码的方式实现数字相减，可以说，帕斯卡和他的机械计算器是超越时代的成就，使得人类的手动计算跨进了一大步，进入了机械运算时代。而帕斯卡的补码思想，到今天仍是电子计算机中数字运算的重要思想。我们这些用着电子计算机、享受着高速计算带来的生活便利的后人们，实在应该真诚地感谢他为科技进步做出的贡献。

1.4 模拟人类思维

谈到人类区分于其他生物的特征时，最被人广泛接受的说法便是，人类拥有自行设计、制造和使用工具这一独有的能力。如果我们将这一能力看成利用已知设计和使用规则，设计工具解决特定任务的问题，并继续探究这一问题的本质，会发现人在做出行为前，往往拥有一套完整的思维过程。

我们在做某个任务时，其实在大脑中已经先有一个思维过程来模拟完成了这个动作，并对风险进行了估计，然后才用大脑通过神经来驱动我们的双手（或其他部分）来模拟完成这个任务。若用逻辑的方式描述这一人类思维模式，并将其通过编程语言让机器识别，那么这种机器便在一定程度上拥有了类似于人类的思维方式，这也是人类对于智能的直观认知。

逻辑学与辩论

为了更好地了解人类的思维过程，逻辑学应运而生。"逻辑"最初来源自古典希腊语，其内涵是指思维的内在规律。逻辑学便是在探究逻辑的基础上注重研究推理和论证的学科，即利用概念、判断和推理等思维类型反映事物的本质及规律。美国逻辑学家欧文·M. 柯匹（Irving M. Copi）给出了更为通俗的解释，他认为逻辑学是研究用于区分正确与不正确推理的方法及原理，即逻辑学是人们正确表达论证观点的工具。我们常常用类似大脑中的齿轮来表明人类的大脑如一台机械装置，用齿轮咬合来计算和模仿逻辑般的思考规则。

两个人进行辩论便是一个应用逻辑学的典型例子，两人在辩论中为了有效地说服对方，总会在各种既定实现的基础上进行规则的归纳、演绎及组合，并用这些总结出的规则预测自己观点的可行性，而规则的得出及多个规则之间的组合策论就是逻辑学研究的成果。

从古代中国"墨辩"学说到亚里士多德的逻辑系统，再到后期一大批学者对逻辑学的贡献，逻辑学的内涵逐渐丰富。17 世纪，英国哲学家弗朗西斯·培根（Francis Bacon）在自己的著作《新工具》（*Novum Organum*）中提出"三表法"和"排除法"，奠定了归纳逻辑的基础，是逻辑学发展的一个里程碑。到 19

墨辩

文艺复兴时期

17 世纪

19 世纪

世纪，英国哲学家约翰·斯图尔特·密尔（John Stuart Mill）在《逻辑体系》（*A System of Logic, Ratiocinative and Inductive*）中总结了前人成果，系统阐述了求因果五法，丰富完善了归纳逻辑，使传统逻辑自此基本定型，即主要由演绎与归纳两大部分内容组成。

随着逻辑学的发展，逻辑的描述方式也悄然发生着变化。一种最早的描述形式，是1.1节中提及的"三段论"。下面借助图 1-26 中的例子回顾三段论：

图 1-26　三段论的例子

上述三句话便构成了一个简单的推理，其中，第一句话是对一般性原则的陈述，第二句是特定情况的描述，第三句为此推论的结论。

仔细观察上文的例子可以发现，上述命题间的关系仍然依靠"且"和"凡是"等逻辑连词表达。为了替代这些语义连词，逻辑学家们广泛采用特定的符号来表示多个命题间的逻辑关系，这些符号统称为"逻辑符号"。表 1-1 中列出了常见的逻辑符号。

表 1-1　常见的逻辑符号

符　　号	英 文 符 号	读　　作
→	If…then…	如果……那么……
∧	Or	与
∨	And	或
¬	Neg	非

到了 17 世纪，逻辑符号已趋于完善，逻辑学家们又开始思考，逻辑能否像经典数学问题一样进行推导及求解。前文曾提及，莱布尼茨首先提出了这一想法，即用符号运算来进行逻辑推理，从而把推理过程变成计算过程。可惜的是，莱布尼茨并没有解决这一难题，但其依旧凭借率先提出了这一设想而被公认为数理逻辑的奠基人。

这一难题直到 19 世纪才被英国数学家乔治·布尔（George Boole）所解决，其解决问题的核心便是运用"逻辑代数"（即布尔代数）。之后弗雷格（Gottlob Frege）、罗素（Bertrand Russell）和怀特海（Alfred Whitehead）等人在布尔的基础上继续发展数理逻辑，霍恩（Alfred Horn）通过"霍恩子句"完成了完整的计算推演步骤。之后发生的事情则更广为人知，一位伟大的学者艾伦·图灵（Alan Turing）提出，生活中的绝大多数问题都是可决策问题，而可决策问题都可通过计算解决。最后计算机科学家约翰·冯·诺依曼（John von Neumann）设计实现了我们今天的计算机，至此我们便可以利用计算机解决各类计算逻辑问题。因此，可以说布尔代数不仅把逻辑学与数学联系到了一起，更是在某种意义上极大地促进了逻辑问题在智能机器上的解决，极大地提升了人类解决数值及逻辑问题的能力，这点恐怕连布尔自己也不曾意识到。但是这条路也并不只有坦途，也布满了荆棘。

🔓 理发师悖论

从前，在欧洲的某个村落里面只有一位理发师，有一天，他突发奇想给自己写了一块广告招牌（见图 1-27）。

图 1-27 理发师的广告

显然，如果理发师不给自己理发，他就属于"不自己理发"的人，那么他应该给自己理发；但是这样一来他又违背了"不自己理发"的原则，那么他就不该给自己理发。在理发师悖论中，如果把每个人看成一个集合，这个集合的元素被定义成这个人理发的对象，当理发师宣称"他的元素都是村里不属于自身的那些集合，并且村里所有不属于自身的集合都属于他"时，他是否属于他自己？这就是罗素在1901年提出的"理发师悖论"，也叫"罗素悖论"。

另外还有一个类比的例子也可以用来描述罗素悖论：

假设世界上存在两种类型的书籍，一种是自己索引自己的书，这种书的作者和书名被放到了本书的参考文献里面。另外一种是自己不索引自己的书，这种书则是很常见的。假设我们要编一本新书叫《索引大全》，把

伯特兰·罗素（Bertrand Russell）

伯特兰·罗素（1872—1970）是英国哲学家、数学家、逻辑学家、历史学家、文学家，也是分析哲学的主要创始人，以及世界和平运动的倡导者和组织者。

罗素出身显赫，祖父曾为英国首相。他从小天资聪慧，1890年考入剑桥大学三一学院，后曾两度在该校任教。1908年，罗素当选为皇家学会会员。1920年，罗素访问中国，在北京待了一年多。当时他表示："如果中国有一个稳定的社会和足够的资金，30年之内中国的科学进步大有可观，甚至超过我们，因为他们朝气蓬勃，复兴热情高涨。"1950年，罗素获得诺贝尔文学奖，并被授予英国嘉行勋章。其主要作品有《西方哲学史》《哲学问题》《心的分析》《物的分析》等。

罗素不仅在哲学、逻辑学和数学上成就显著，而且在教育学、社会学、政治学和文学等许多领域都有建树，是20世纪西方最著名的学者之一。他早期信奉新黑格尔主义，深信绝对、共相的存在，把数学视为柏拉图理念的证据。晚年曾与爱因斯坦一起呼吁减少核武器，造福世界和平。

世界上自己不索引自己的书都列进来，到了最后，我们突然意识到《索引大全》也是一本书，那么它应该被列进来吗？我们可以想象：如果它被列进来，说明它是一本自己不索引自己的书，但是把它列进来本身的这个行为则是自己索引自己；如果我们不把它列进来，那它就是一本自己不索引自己的书，按理说应该列进来。所以无论怎么选择，都是矛盾的。罗素悖论

撼动了集合论作为数学基石的想法。在 20 世纪初期，整个数学界和科学界都处于一种喜悦的气氛之中，因为人们认为数学的系统性和严密性已经达到，科学大厦的地基基本建成了。在这种氛围下，德国物理学家基尔霍夫（G. R. Kirchhoff）表示："物理学将无所作为，至多也只能在已知规律的公式的小数点后面加上几个数字罢了。"1900 年,英国物理学家开尔文（L. Kelvin）在回顾物理学的发展时也说："在已经基本建成的科学大厦中，后辈物理学家只能做一些零碎的修补工作了。"同年，法国大数学家庞加莱（Poincaré）在国际数学家大会上也公开宣称："数学的严格性，现在看来可以说是实现了。"

但是不久之后，这些言论就被"打脸"了——罗素的"理发师悖论"震撼了整个科学界。由于当时集合论已成为数学理论的基础，这一悖论的出现直接导致了一场数学危机，也引发了众多的数学家对这一问题的补救，最终形成了现在的公理化集合论。同时，罗素悖论的出现促使数学家认识到将数学基础公理化的必要性。

"理发师悖论"很容易通过改变规则来解决，解决的办法之一就是修正理发师的规矩，将他自己排除在规矩之外。可是严格的罗素悖论就没这么容易解决了。

🔓 布尔代数及其应用

1854 年，乔治·布尔在他最著名的著作《思维规律的研究》（*An Investigation of the Laws of Thought*）中首次提出布尔代数——一套用于逻辑运算的公式。简单地说，他利用布尔代数中定义的变量 x、y、z……来表示逻辑命题，每个变量的取值由两种状态组成，即 0 和 1，或 True 和 False，利用布尔代数中定义的运算解释多个命题间逻辑关系的推导。

乔治·布尔的理论在今天看来可能并不高深，他发明布尔变量最初的目标是通过一系列数学公理来重现经典逻辑的运算结果。他利用等式表示判断，把推理看作等式

的变换，而这种变换的有效性只依赖于符号的组合规律。

由此可见，布尔将类似于亚里士多德的三段论的表述方法，转化成可求解的数学问题。但观察这个例子仍可以发现，这种转化后得到的数学表达式虽然能正确推导出逻辑命题 x、y 间的逻辑关系，但依旧无法直接从数学公式 $x+y-2xy=1$ 中观察出逻辑命题的逻辑关系，为了解决这个问题，布尔提出了以下两点改进意见。

◆ 利用二值变量 x、y、z……来表示逻辑命题，即 1 代表命题为真，0 代表命题为假，这个二值变量便是布尔类型变量。

◆ 增加 And（"与"）、Or（"或"）、Not（"非"）及它们的组合逻辑运算，以便更加直观地表达逻辑命题之间的关系。为了增强与经典代数理论的联系，沿用经典代数的符号，即用 "·" 来表示 "与"，用 "+" 来表示 "或"，用 $1-x$（也用 $\bar{x}$）来表示 x 的 "非"。

为了更好地简化逻辑运算的复杂性，布尔希望找到类似于经典代数中交换律、结合律和分配律等代数公理来简化复杂的逻辑表达式。开始时，他发现经典代数运算和逻辑推导间的相似之处很多。例如，p 与 p 和 q 与 p 是一样的，就像 $q+p=p+q$。但是在有些例子中便会有所不同。比如 $p \times p=p^2$，但是 p 与 p 还是 p，这就存在歧义。为此，布尔添加了一些额外的公理用于简化逻辑表达式（表 1-2 列出了部分逻辑计算公理），使其能够符合逻辑推导的规律。至此，布尔成功地利用布尔代数将逻辑推导与数学运算结合到了一起，从而为逻辑问题向代数可计算问题的转变提供了理论基础。

表 1-2　逻辑运算公理

序号	公　理	序号	公　理	序号	公　理
1	$A \cdot 0 = 0$	7	$A \cdot \bar{A} = 0$	13	$AB + \bar{A}C + BC = \bar{A}B + AC$
2	$A + 1 = 1$	8	$A + \bar{A} = 1$	14	$(A + \bar{B})(A + C)(\bar{B} + C)$ $= (A + B)(A + C)$
3	$A \cdot 1 = A$	9	$A + AB = A$	15	$\overline{A \cdot B} = \bar{A} + \bar{B}$
4	$A + 0 = A$	10	$A(A + B) = A$	16	$\overline{A + B} = \bar{A} \cdot \bar{B}$
5	$A \cdot A = A$	11	$A + \bar{A}B = A + B$	17	$\bar{\bar{A}} = A$
6	$A + A = A$	12	$A(\bar{A} + B) = AB$		

　　布尔代数的运算规则可能会让你联想起晦涩抽象的数学课本，以下两个例子可让你直观地了解布尔代数究竟有什么用。

例 2：究竟是哈士奇，还是金毛

　　在公园里散步的时候，你看见两个人正坐在凳子上聊天，且将他们分别称为 A 和 B。这两个人分别养了一只哈士奇或一只金毛。已知：如果 A 养的是哈士奇，那么 B 养的也是哈士奇；如果 B 养的是哈士奇，那么 A 养的是金毛；如果 B 养的是金毛，那么 A 养的是哈士奇。问题来了，A 和 B 分别养的是什么狗呢？

哈士奇

金毛

　　相信大家通过逻辑推理的方式都能够得到答案，这里我们如果用布尔代数的方法来求解，假设 x 表示 A 养的是哈士奇，y 表示 B 养的是哈士奇，那么 $1-x$ 就表示 A 养的是金毛，$1-y$ 表示 B 养的是金毛，则根据已知能够列出以下两个方程组。

$$\begin{cases} xy = 1 \\ y(1-x) = 1 \\ (1-y)x = 1 \end{cases} \quad \text{或者} \quad \begin{cases} x(1-y) = 0 \\ yx = 0 \\ (1-y)(1-x) = 0 \end{cases}$$

根据布尔代数的运算规则，我们能够得出 $x=0$，$y=1$，即 A 养的是金毛、B 养的是哈士奇。即使我们不用公式也可以发现，如果 A 养的是哈士奇，那么 B 养的也是哈士奇（条件1）；但是如果 B 养的是哈士奇，那么根据条件2，A 养的是金毛，这样就产生了矛盾，所以 A 养的不能是哈士奇，由此得出 A 养的是金毛。关于 B，如果他养的是金毛，就会得到 A 养的是哈士奇（条件3），再根据条件1，得到 B 养的也是哈士奇，又产生了矛盾，所以只有 B 养哈士奇、A 养金毛是与三个条件都不矛盾的！以上分析似乎有些烦琐，但是用了布尔代数，就可以把这些复杂的分析用数学方程求解来完成，为计算机解决推理问题打下基础。

例3：搜索引擎与布尔代数

我们几乎每天都要去搜索引擎上寻找自己想要的东西，而搜索引擎就与布尔代数密不可分。假如你想看苹果和火龙果的介绍，但是你并不想知道这些植物在农业生产上的知识，于是你可以在搜索框中输入关键词"苹果 + 火龙果 – 农业"（当然有很多情况下 + 号可以直接用空格来代替）。我们输入完这一搜索语句之后，搜索引擎会自动将其转化为布尔代数的算式，例如"100110…（假设是"苹果"这个词对应的二进制数）"AND"10100001…"NOT"11011001…"，很快，搜索引擎就能够将我们需要的上万个网页呈现在我们面前。

🔓 布尔代数的主要贡献

谈到布尔代数对于后世的主要贡献，就不得不提其对现代计算科学的影响。实际上，在布尔代数理论提出后的很长一段时间内，都没有一个"像样"的现实应用，直到1938

年克劳德·香农（Claude Shannon）在他的硕士论文《继电器与开关电路的符号分析》（*A Symbolic Analysis of Relay and Switching Circuits*）中指出当时电话交换电路与布尔代数之间的类似性，即把布尔代数的"真"与"假"和电路系统的"开"与"关"对应起来，并分别用 1 和 0 表示。于是他用布尔代数分析并优化开关电路，就此奠定了数字电路的理论根基。在此基础上，所有的数学运算，例如加、减、乘、除、乘方等基本代数运算，都可以转化为二值的布尔运算。换言之，我们可以利用简单的与逻辑、或逻辑、非逻辑，实现两个二进制数的加、减、乘、除、乘方等基本代数运算。

图 1-28 便是一个利用二极管、三极管搭建的典型与逻辑门电路，此电路实现了 A、B、C 三个布尔变量"与"的操作。

图 1-29 是利用与门、或门、非门的组合，实现一个有进位的二进制数加法逻辑电路图。与门、或门、非门是与逻辑、或逻辑、非逻辑的电路实现，一般利用二极管、三极管搭建。其中，A、B 为输入的二进制数，C_{in} 为来自低位的进位，C_{out} 为输出二进制数，S 为此位的进位。我们同样可以将多个加法器相连，来解决多位二进制数的加法运算。之后伴随着集成电路技术的诞生及发展，人们可以在一块面积很小的硅板上实现数量众多的逻辑门电路，从而实现复杂的数值与逻辑运算，人类世界的计算能力也因此得到了质的提升。正因为计算能力的提升，今天的互联网、移动互联网和人工智能技术才得以成为可能。

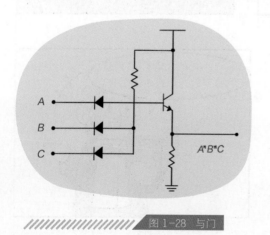

图 1-28 与门

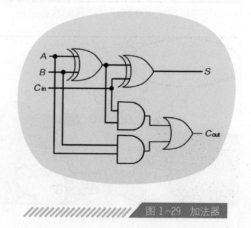

图 1-29 加法器

1829 年，14 岁的乔治·布尔因发表翻译的希腊诗作在当地小有名气。

16 岁时，布尔自学微积分和研究数理逻辑。

19 岁，布尔创办一所小学。

1848 年，布尔出版《逻辑的数学分析》。

1849 年，他被任命为皇后学院的数学教授。

1854 年，他出版了《思维规律的研究》，成为逻辑代数发展史的里程碑。

布尔的后代人才辈出，其中他的重外孙女琼·辛顿（寒春）是杨振宁的同学，曾参与曼哈顿原子弹计划。

1864 年，布尔发高烧，他的夫人迷信偏方，给他泼了一盆冷水，侧面导致他病情加重并最终逝世。

为了纪念布尔的突出贡献，现代计算机语言中将逻辑运算称为"布尔运算"。

2

机器的进化

2.1 差分机：纯机械之巅

查尔斯·巴贝奇的名字可能并不像图灵、冯·诺依曼等那样为人熟知，但世界上第一台大型自动数字计算机的设计者霍德华·艾肯（Howard Aiken）曾这样评价他："如果巴贝奇活到今天，那么他一定会取代我的成就。"巴贝奇小时候就喜爱拆解玩具，研究它们的工作原理，但是和其他小朋友不同的是，他每次拆解玩具之后都能重新将玩具装好。他对数学十分感兴趣，且有着极高的数学天赋，18 岁时考入了英国剑桥大学，学习化学和数学。他满怀期待地走进英国最高学府之一剑桥大学的数学课堂，却失望地发现自己的数学水平已经远高于老师。于是他和几名伙伴

查尔斯·巴贝奇（Charles Babbage）

巴贝奇（1791—1871），英国发明家、科学管理的先驱者，出生于一个富有的银行家家庭，毕业于剑桥大学三一学院，24岁时被选为英国皇家学会会员。他参与创建了英国天文学会和统计学会，并获得了天文学会金质奖章。同时他也是巴黎伦理科学院、爱尔兰皇家学会和美国科学学院的成员。

一起创立了数学分析学会，将欧洲大陆最新的数学知识传入剑桥大学，推动了英国数学教育的发展。由于这些卓越的贡献，巴贝奇毕业后便留校担任卢卡斯数学教授（原为牛顿的教席）。但是，巴贝奇最大的贡献不是数学教育，而是发明了差分机。

🔓 差分机的诞生

数学用表在当时的建筑学、航海天文学和军事中的应用都十分广泛。当时欧洲的数学用表主要是人工制作的，在人工计算的过程中难免会出各种差错，而这些差错可能会造成悲惨的事故。比如航海表上的数据错误可能造成船只触礁沉没，建筑用表上的数据错误可能导致房屋和桥梁的垮塌。当时的一项普查发现，在 40 本数表中，有 3 700 个错误，如此高的错误率让向来一丝不苟的巴贝奇难以接受。他认为，既然很多错误是由于手工计算和印刷失误造成的，那么如果有一台机器能够代替人工计算同时又可以自动打印出数表，那么这些问题就可以得到解决。巴贝奇所构想的这台机器便是差分机。

巴贝奇最早开始构思制造差分机是在 1812 年读大学期间。但由于制造差分机需要大量的资金，他在 1822 年得到父亲的支持后才正式开始研制。仅花 1 年时间，巴贝奇在 1823 年就已经设计完成了差分机的模型（见图 2-1）。但仅仅是建造这个模型，巴贝奇就已花费了大量的家产。虽然他的父亲是一位银行家，家境宽裕，但如此重负还是让他们无力承担。于是巴贝奇向英国政府提出了资助申请。在政府的支持下，他完成了能够进行 4 级拆分的差分机，并且能够打印出数表。这台差分机的运算速度之快和错误率之低已经远远超过了当时手工计算的水平。

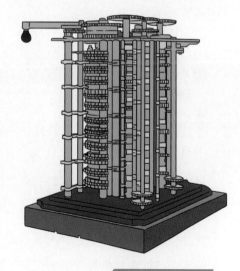

图 2-1　差分机 1 号

受此鼓励，巴贝奇希望继续研制计算精度更高，运算速度更快的新一代"差分机 2 号"。此时的英国政府也继续向他资助了 1.7 万英镑（当时这些经费足够研制 21 台蒸汽火车头）以支持他的研究。但是，"差分机 2 号"的花销实在过于庞大，所需零件数量高达 25000 个，其中一些零件的制作误差须小于千分之一英寸（0.0254 毫米），要投入巨额资金才能达到这样精细的制作工艺，因此巴贝奇很快就花光了英国政府提供的经费。

由于巴贝奇迟迟没有拿出"差分机 2 号"的成果，英国政府停止了资助，但他并没有因此放弃，而是变卖家产来维持"差分机 2 号"的研制。1852 年，巴贝奇几乎花光了所有的积蓄，他重新向英国政府寻求资助，但遭到了拒绝，因为当时的英国首相认为这台"差分机 2 号"除了耗费大量的资金以外什么作用也没有。而此时，巴贝奇已经为制作"差分机 2 号"耗费了近 30 年的时间和全部家产。令人惋惜的不仅仅是巴贝奇为此付出的时间和金钱，当时科学界的同行们大多对他的行为很不理解，嘲讽他为疯子、骗子。直至 1871 年巴贝奇去世，他的"差分机 2 号"也没有被制造出来。

巴贝奇"差分机 2 号"的制作工艺要求之高，几乎是当时的制造水平所不能企及的。即使能被制造出来，所需经费额度也是一个天文数字。可以说巴贝奇并不是输给了思想，而是输给了时代。

🔓 "差分机 2 号"

在 20 世纪 70—80 年代，澳大利亚的阿兰·布罗姆利对巴贝奇设计的"差分机 2 号"图纸和笔记进行了考察，认为"差分机 2 号"的设计是正确的，并且在维多利亚时代是可以被制造出来的。布罗姆利希望能够重建"差分机 2 号"以证明巴贝奇想法的正确性。1991 年 5 月，在巴贝奇诞辰 200 周年之际，"差分机 2 号"被成功制造出来，并成功进行了计算，如图 2-2 所示。这对于巴贝奇来说无疑是最大的告慰。"差分机 2 号"的成功发明，证明了巴贝奇并非是一个空想家。如果当时英国政府继续支持巴贝奇的研究，那么计算机的历史会不会被改写？

在巴贝奇研制"差分机 2 号"的同时，他还构思了一种结构更简单，功能更全面的"分析机"。分析机包括储存器以及一个可以改变的"孔卡"，对孔卡进行编程，就可以让分析机解决不同种类的问题。这一构想和图灵机有很多类似的地方，但受时代的限制，以及巴贝奇为"差分机 2 号"的制造投入了太多精力，因此分析机仅仅停留在理论层面，在当时的科学家看来，这只是这位"空想家"的又一幻想。尽管巴贝奇的"差分机 2 号"和分析机都只是

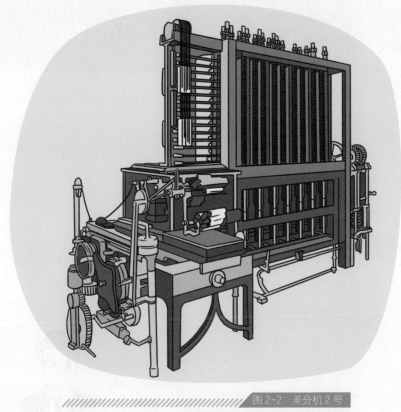

图 2-2 差分机 2 号

（真品收藏于英国伦敦科学博物馆）

停留在理论层面，但他的研究无疑为后人设计计算机的结构提供了重要的参考价值，在人工智能发展的历程中，巴贝奇和他的差分机也是一座重要的里程碑。

而差分机与分析机的复杂程度，足以称得上早期人类机械史上的巅峰之作。

2.2 图灵机：假想的机器

图灵机是一个模拟人类进行数学计算过程的机器，所以在认识图灵机之前，我们先来回想一下：我们是如何做数学题的呢？首先我们需要读题，从题中过滤掉次要的信息，提取出主要信息；然后对这些信息进行各种运算；最后将得到的答案写在答题卡上。图灵机的基本思想便是用机器来模拟人的数学计算过程。

图灵机是由图灵在 24 岁时发表的论文《论可计算数及其在判定问题中的应用》中提出的，文中他构想了一种十分简单但计算能力极强的理想计算装置，被称为"图灵机"。尽管图灵机是模仿人的计算过程，但它并不能像人一样阅读问题和给出答案，它的运行过程也包括读取、计算以及输出的过程。图

艾伦·麦席森·图灵（Alan Mathison Turing）

图灵（1912—1954），英国数学家、逻辑学家、计算机科学之父、人工智能之父。图灵 1931 年进入剑桥大学国王学院，毕业后到美国普林斯顿大学攻读博士学位。第二次世界大战爆发后回到剑桥，曾协助军方破解德国的著名密码系统 Enigma，帮助盟军取得了二战的胜利。1954 年 6 月 7 日，图灵吃下含有氰化物的苹果中毒身亡，享年 41 岁。

图灵最主要的两项贡献就是提出了图灵机的理论以及提出了判定计算机是否具有智能的方法——图灵测试。

灵所设计的图灵机是由一个控制器、一个读写头和一根假设无限长的工作带组成的，如图 2-3 所示。看到"无限长"这个词，大家就可以意识到图灵机只能存在于想象中。的确，图灵机只是一个想象中的概念，并没有真实存在的机器。

在图灵提出图灵机的构想之前，也有很多科学家进行过计算机器方面的研究。如我们在前面提到的帕斯卡计算器、莱布尼茨所设的多种计算器、查尔斯·巴贝奇

图 2-3 图灵机

设计的差分机以及分析机等，这些机器也都可以进行数学运算，而且莱布尼茨的计算器和巴贝奇的"差分机 1 号"是确实存在的机器，不像图灵机那样只是一个思想模型。那么，一台虚无缥缈的图灵机何德何能，能够在计算机的发展史上有如此重大的意义呢？

莱布尼茨的计算器和巴贝奇的机器结构都十分复杂，在莱布尼茨制作的计算器中，一台功能仅限于做乘法的计算器大小就占据了一个桌面，而巴贝奇的差分机，从它所需的上万个零件数量上看就知道它的体积十分巨大。不过体积巨大并不是关键问题，第一台计算机"埃尼阿克"（ENIAC）的体积也比差分机大多了。关键问题在于，这些机器往往只能用于解决某一类特定的问题，例如乘法机就只能用于乘法运算，而差分机尽管可以将复杂的运算通通用最简单的加法和减法来解决，从而能够非常有效地进行多项式求解；但在其他问题上，它可能就无能为力了。人们不能为每一个数学问题都建造一台如此复杂的机器，否则我们的世界将堆满用于解决不同问题的计算器。

相比之下，图灵机的模型就要简单得多，更重要的是功能更强大。图灵认为，对于任何可以用有效算法解决的问题，用图灵机都可以解决。因此，图灵机符合人们的愿望：建造一台机器，能够解决通用的问题。因此，这种简单的结构对于现代计算机的制造提供了重要的参考意义。

想想这个过程，是不是和前面提到我们做数学题的过程类似？我们也是从存储器（试卷）上获取问题，然后我们的信息收集器官（眼睛或耳朵）选出有用的信息传递给控制器（大脑），在大脑计算处理之后，再写在答题卡上（此时我们的视觉听觉及手臂构成了读写头）。对于不同的可被计算的问题，我们可以通过设计控制程序和控制状态来最后完成任务的执行。

图灵机的结构是否也让你联想起当代的计算机？图灵机的各个组成已经有了现代计算

图灵机各个组件的功能

图灵机的组件如图 2-4 所示。

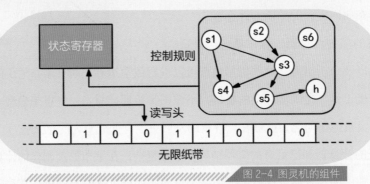

图 2-4 图灵机的组件

（1）一条无限长的纸带。图灵机只是一个理想的设备，图灵认为它能模拟人类所能进行的任何计算过程。纸带被划分为一个接一个的小格子，每个格子上包含一个来自有限字母表的符号，字母表中有一个特殊的符号表示空白。每个方格里存储着所需的一个字符（0 或者 1）。

（2）一个读写头（HEAD）。该读写头可以在纸带上左右移动，它能读出当前所指格子上的符号，并能改变当前格子上的符号。

（3）一个状态寄存器。它用来保存图灵机当前所处的状态。图灵机的所有可能状态的数目是有限的，并且有一个特殊的状态，称为停机状态。

（4）一套控制规则（我们可以理解为程序）。它根据当前机器所处的状态以及当前读写头所指格子上的符号来确定读写头下一步的动作，并改变状态寄存器的值，令机器进入一个新的状态。

机的雏形，对现代计算机的结构、可实现性和局限性都产生
了深远的影响。工作带类似于今天的硬盘，所有的数据都存
储于此。读写器则类似于硬盘中的磁头，读写硬盘中的内容。
而控制器的功能比较多，不仅包含 CPU 的运算能力，还包括
了一定的程序算法。在解决不同的问题时，只需要改变控制
器中的算法，即可实现图灵机功能的改变，可以说图灵机是
一种"通用型的计算机"。在图灵机这一构想的指引下，各种

图 2-5 图灵的密码破译机

类型的计算机被制造了出来。图灵关于图灵机的思考可以追溯至他为英国情报部门破译德军
密码的第二次世界大战时期，如图 2-5 所示。图灵的故事被后人翻拍成了电影《模仿游戏》。

图灵机的模型已提出 80 多年，后人也不断地对图灵机的模型进行改进，如双向无限带
图灵机、多头图灵机、非确定型图灵机、多维图灵机和多带多头图灵机等拓展模型。但这些
改进并没有创造性的改变，仅仅是对运算速度等功能进行了提升。目前的各类计算机也都没
有超出图灵机这个概念范畴，因此建造新一代超出图灵机模型的新型计算机是众多科学家正
在尝试的挑战。一旦产生了超越图灵机的新型计算机，人工智能技术也必将出现另一次巨大
的飞跃。我们期待下一个图灵的出现！

2.3 第一台计算机之谜

世界上第一台电子计算机是哪一台？你可能很快就能答出——ENIAC（埃尼阿克），如图 2-6 所示。毕竟历史课本上是这样写的。但计算机学界对于究竟哪台是第一台电子计算机其实存在着争议，除了 ENIAC 以外，Z3 计算机、ABC 都是"世界上第一台计算机"的有力竞选者。下面我们来一一介绍这三位候选"机"。

图 2-6 ENIAC

Z3 计算机

康拉德·楚泽（Konrad Zuse）

1936 年，德国工程师楚泽制造了一台计算机 Z1，采用了二进制，并使用巴贝奇在分析机中提到的"穿孔带"结构来输入程序，是世界上第一台电子 - 机械式二进制可编程（Electro-Mechanical Binary Programmable）计算机。

在制造 Z1 时（见图 2-7），楚泽并没有得到政府的支持，只得到几个朋友提供的少量资助，他只能自掏腰包来维持研究，因此 Z1 的性能较差，严格上来说只能算是一个模型。但楚泽并没有放弃。

楚泽（1910—1995），德国工程师。他提出了计算机程序控制的基础概念，制造了第一台能编程的计算机，发明了通用计算机编程语言，被称为现代计算机发明人之一。不过直到 1962 年他的发明才得到认可，并获得八个荣誉博士头衔以及德国大十字勋章。

图 2-7 Z1 内部

©Klaus Nahr from Wikipedia

1937 年，楚泽在朋友的帮助下得到一些废弃的继电器，他利用这些废弃物独自组装电磁式计算机 Z2。虽然这些电子元件比较旧，但依旧发挥了巨大的功效。在这些电子元件的帮助下，Z2 的计算性能突飞猛进，并成功引起了德国飞机研究所的关注。德国飞机研究所愿意资助楚泽研究性能更好的

Z3 计算机,并希望将 Z3 计算机应用于飞机制造。楚泽不负所托,于 1941 年完成了 Z3 计算机。

Z3 计算机具有优异的数学运算性能,除了能够为制造飞机提供计算方面的帮助外,楚泽还为它编写了一个国际象棋的程序,这可以说是最早在计算机上的国际象棋游戏了。但由于战争,Z3 在 1944 年的一次空袭中被炸得粉碎。在 1945 年,楚泽又制造了一台 Z4 计算机,并为其开发了一套编程语言——Plankalkuel。

由于战争原因,楚泽和他的计算机研究一直是国家机密,不为外人所知。直到 1958 年,计算机学界才知道他的成果。不过这个时候全世界都已经普遍认为 1945 年建成的 ENIAC 是第一台电子计算机,再加上楚泽的计算机是为当时的纳粹政府服务,几乎没有人来为他申辩,因此很少有人知道楚泽其实才是第一位电子计算机的发明者。

 ## ABC

ABC 的全称是"阿塔纳索夫 - 贝瑞计算机"(Atanasoff-Berry Computer),其构造如图 2-8 所示。其中阿塔纳索夫(Atanasoff)和贝瑞(Berry)是它的两位发明者——约翰·文森特·阿塔那索夫及其学生克里福特·贝瑞的姓氏。

阿塔那索夫是艾奥瓦州立大学(Iowa State University)的物理教授,他在教授课程的过程中,常常试着用电子技术来帮助学生解决复杂的计算问题,这为后来的 ABC 埋下了伏笔。

阿塔那索夫在设计计算机的过程中做出了 4 个十分重要的决定:

(1)采用电子管元件;
(2)采用二进制代替十进制;
(3)采用电容器作为存储器;
(4)采用逻辑运算代替数字运算。

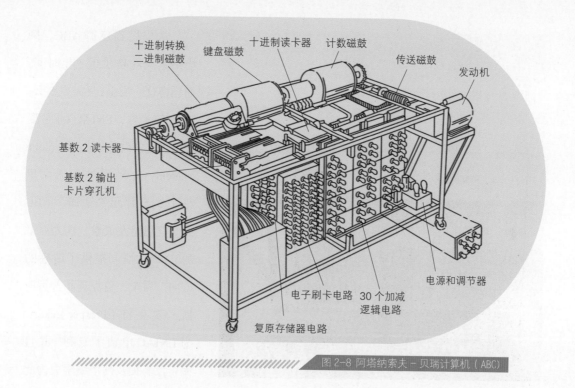

十进制转换
二进制磁鼓　键盘磁鼓　十进制读卡器　计数磁鼓　传送磁鼓　发动机

基数 2 读卡器

基数 2 输出
卡片穿孔机

电源和调节器

电子刷卡电路　30 个加减
逻辑电路

复原存储器电路

图 2-8 阿塔纳索夫－贝瑞计算机（ABC）

当时常用的电子元件有电子管和继电器，电磁继电技术在当时应用十分广泛，这种技术成熟度高，性能更稳定，如前面提到的 Z 系列计算机，还有 1944 年建造的 ASCC 采用的就是继电器元件。而电子管在当时的应用很少，可靠性也比较低，因此选择电子管这个元件是一项非常冒险的决定。而其他 3 项决定在当时看来也是极具创新性的。这 4 项重要的决定明确了 ABC 计算机的建造思路。

1939 年，阿塔纳索夫和他的学生贝瑞完成了 ABC 样机的建造。到 1940 年底，ABC 成功运行，并且可以求解一系列复杂的方程式。于是他们向学校提出经费申请，希望能够建造一台功能完善的计算机。但由于 1939 年美国发生了严重的经济危机，资源极度匮乏，学校认为把重要的二极管元件浪费在这种毫无意义的发明上是浪费资源，因此没有同意阿塔纳索夫的申请。不仅如此，学校还决定将 ABC 样机拆除，把零件用到"更有价值的地方"去。后来我们看到的 ABC 计算机，是在 1997 年建造的复制品，如图 2-9 所示。

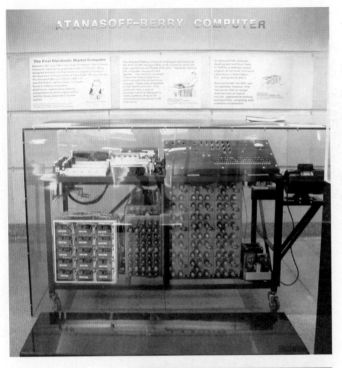

图 2-9 阿塔纳索夫－贝瑞计算机的复制品，位于艾奥瓦州立大学达勒姆中心

©User:Manop from Wikipedia

从构思到建造 ABC，阿塔纳索夫花费了近 5 年时间，而剽窃这一成果，只需要 5 天。1941 年 6 月，ENIAC 的主要建造者之一约翰·莫克利 (John Mauchly) 在阿塔纳索夫家里花了 5 天时间"钻研"ABC 的研究思路及成果，这为后来的 ENIAC 研制提供了清晰的方向。后来，莫克利和普雷斯博·埃克特（Presper Eckert）为 ENIAC 申请了专利，并且完全没有提及阿塔纳索夫为此所做的贡献，这让阿塔纳索夫十分气愤。

尽管莫克利矢口否认去过阿塔纳索夫家里，但美国联邦法院在经过详细的调查后，于 1973 年 10 月 19 日撤销了莫克利和埃克特对于 ENIAC 的专利权，认定阿塔纳索夫是电子计算机的发明人。如此看来，无论是 Z3 计算机还是 ABC，实际上都比 ENIAC 更早建成。

🔓 ENIAC

目前 ENIAC 已不再被称为"第一台电子计算机"，而是被称为"第一台通用型电子计算机"，尽管 Z3 计算机更早诞生。

第二次世界大战时，美国对于各种弹道表的计算和制作效率低下，迫切需要一个能够快速运算且保证运算结果准确的计算机。因此1943年，研制 ENIAC 的绝密计划——莫克利 - 埃克特计划应运而生。

最初军方想要的计算机是专门用来进行弹道计算的机器，但研发者的想法并非如此，他们希望能够建造一种通用型的计算机，可以根据不同的程序来处理各种各样的问题。所以在

图 2-10 工作人员正在设置 ENIAC 一个函数表上的开关
©Wikimedia Commons

要求军方的资助时，研发者们巧妙地将 ENIAC 描述成为"一台能够解决多种弹道计算问题的多功能计算机"，如图 2-10 所示。

由于需要解决多种问题，建造 ENIAC 所需的物资和时间也远远超过了最初的计划：在最初的计划中，ENIAC 将消耗大约 5000 个电子管，经费预算 150000 美元；而建造完成时，ENIAC 用掉了 18000 多个电子管，消耗经费 400000 美元，几乎达到原计划的 3 倍。

1943 年 6 月开始研制的 ENIAC，由于研制过程花费了太多的时间，并没有来得及在第二次世界大战中展示自己的身手——二战于 1945 年 9 月结束，而 ENIAC 在同年 11 月才缓缓地投入试运行。由于在战场上 ENIAC 没有任何立功机会，军方决定将这个耗费巨资搭建的计算机拆除，将零件用在更有用的地方。就在军方计划对 ENIAC 撤除资助时，冯·诺依曼给 ENIAC 布置了一项新的任务：为氢弹的研制提供计算帮助，这让 ENIAC 得以开始展现自己的本领。

尽管现在人们认为 ENIAC 并非第一台电子计算机，但 ENIAC 在诸多领域提供了相当大的帮助是无法忽视的事实。到退役为止，ENIAC 共运行了 8 万多个小时，为氢弹的研制、天气预测、风洞的开发都做出了卓越的贡献。相比之下，第一台电子计算机 ABC 却在建成后立即被拆除，几乎没有用武之地，因此人们对 ENIAC 的高度评价也不是没有道理的。

关于 computer 的故事

关于 computer 的故事

英文中动词加上 -er 后缀一般指从事这项工作的人员,如 teacher 是 teach 的人,worker 是 work 的人,那么 computer 应该是做 compute(计算)的人才对。事实上也是这样,在计算机被大量商用之前,很多科研机构都雇佣很多"计算人员"(computer),利用人力来计算航天轨道等重要且复杂的工程问题。电影《隐藏人物》(Hidden Figures)讲述了这段被人遗忘的历史。

冯·诺依曼与 ENIAC

虽然图灵构建了"图灵机"的伟大理论设想,但是他没有设计制作,加上英年早逝,他从未看到一台实际可以使用的"通用计算机"的问世。

冯·诺依曼在 ENIAC 的建造过程中曾提出中肯的设计建议。在最初设计时,ENIAC 与现代计算机其实有差异。ENIAC 的程序与计算部件是分离的,在进行计算时,需要人工进行程序替换,之后再启动计算功能,这对于计算机的运行效率有着非常大的阻碍。

约翰·冯·诺依曼(John von Neumann)

冯·诺依曼(1903—1957),美籍匈牙利数学家、计算机科学家、物理学家,是 20 世纪最重要的数学家之一,同时也是现代计算机、博弈论、核武器和生化武器等领域内的科学全才,被后人称为现代计算机之父、博弈论之父。他从小有过目不忘的天赋,6 岁时就学会希腊语,心算能做八位数除法;8 岁时掌握微积分;10 岁时用几个月读完了一部 48 卷的世界史。他在早期以算子理论、共振论、量子理论、集合论等方面的研究闻名,开创了冯·诺依曼代数。第二次世界大战期间曾参与曼哈顿计划,研制第一颗原子弹。

针对这一点，冯·诺依曼曾写过一项著名的"101页报告"，提出要设计出能够将程序储存在内部的计算机，冯·诺依曼称之为 EDVAC（离散变量自动计算机）。EDVAC 不用进行人工切换，由计算机自动依次执行程序，后来这种计算机也被称为"冯·诺依曼机"。不过由于 ENIAC 计算机研发小组发生了分裂，EDVAC 一直到 1951 年才被研制出来。尽管如此，其结构对现代计算机也还是产生了巨大影响。我们今天所使用的计算机也大多属于"冯·诺依曼机"的改进型。

其实，第一台计算机这个头衔究竟属于谁也许并不那么重要，Z3 计算机、ABC 和 ENIAC 都是计算机发展史上最闪亮的明星。真正重要的是科学家们为此做出的努力，正是这些不断开拓的科学家们经过努力研究，开辟出一片改变人类生活的信息产业的新天地，我们才能够享受今天的技术便利。因此，三台计算机的设计者都应当得到我们的尊敬。

随着计算机科学的发展，机器如何能拥有人类智能的问题逐步开始登上历史的舞台。人们对于这项技术的需求使其渐渐成为一个重要的学科。现在人工智能这个概念在我们的生活中随处可见，也几乎是无所不能，那么人工智能这一概念究竟是由谁提出的呢？最初的人工智能与今天的人工智能又有哪些区别呢？

人工智能这一概念最早是在 1956 年的达特茅斯学院召开的研讨会上被确定的。这场会议是由著名的人工智能专家马文·明斯基（Marvin Lee Minsky）、约翰·麦卡锡（John McCarthy）、克劳德·香农（Claude Shannon）以及奈森·罗切斯特（Nathan Rochester）发起的。在这个会议上，麦卡锡与多位专家激烈辩论，最终将"人工智能"（Artificial Intelligence）确立为一门新学科的名称。在会议上，这些在数学、逻辑学和信息学领域的专家同时也讨论了人工智能、神经网络等问题，为之后人工智能的发展奠定了基础。

在这场会议之后，这些人工智能的"创始者"们都雄心勃勃，例如与会者之一的司马贺曾说："在1968 年之前，计算机就将战胜人类的国际象棋大师。""在 1985 年之前，计算机就能够胜任人类的一切工作。"

马文·明斯基也预言，"在1973—1978年，人们就能够制作出一台具有人类平均智力的计算机"。这些充满信心的话让当时的政府和军方非常感兴趣，向人工智能领域投入了大量的经费。

然而这些人工智能领域的专家们似乎错误地估计了人工智能学科的难度，他们这些充满信心的预言中几乎都未能实现。直到1997年，IBM公司的计算机"深蓝"才成功战胜了人类国际象棋的世界冠军。虽然这引领了新的人工智能技术的热潮，但时至今日也没有一个通用型人工智能能够胜任人类的一切工作。因此在20世纪70年代，政府对于这些专家无法兑现他们作出的预言非常失望，纷纷减少了对人工智能领域的经费投入，人工智能领域的研究也陷入了低谷。

司马贺（Herbert Simon）

司马贺（1916—2001），原名直译为"赫伯特·西蒙"，在计算机科学、人工智能、经济学和心理学等领域都有极高的建树，跨界获得9个博士学位，通晓20多门语言，是20世纪科学界罕见的通才。他与中国渊源颇深，在20世纪七八十年代曾先后十次到访中国，为自己取了个中文名，能用中文读写。1975年，荣获图灵奖；1978年，荣获诺贝尔经济学奖；1995年，在国际人工智能会议上被授予终身荣誉奖。

 专家系统

尽管发展一个能够胜任人类所有工作的计算机是一件十分困难的事情，但利用计算机强大的计算能力和信息存储能力，让计算机在某一个领域超过普通人的水平是不难实现的。因此，专家系统应运而生。

专家系统在设计时能够收集大量的专业知识，并且根据一定的程序进行计算、分析、预测等功能。例如，最早的专家系统Dendral是在1965年由爱德华·费根鲍姆（Edward Feigenbaum）设计的，Dendral是一款应用于化学领域的专家系统（见图2-11），它能够根据光谱的度数分析化合物的可能成分。在人类专家相对匮乏的时代，这个专家系统使更多的科学研究得以顺利进行。

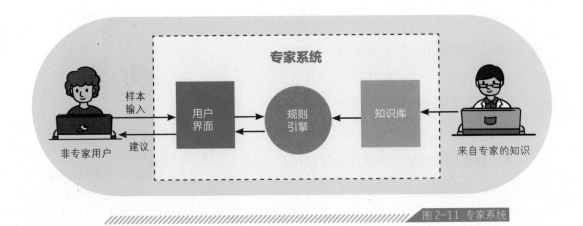

图 2-11 专家系统

除此之外，还有专门用于诊断疾病的专家系统，通过专家系统可以弥补人类医生在诊断时可能出现的疏忽。而预测型专家系统能够在综合多方面的专业知识背景的情况下预测出未来事物的发展趋势，例如对一条河流污染物的迁移扩散进行预测，从而提前采取有效的措施。

专家系统至今也在我们的生活中扮演着重要角色。例如在军事上，G2 专家系统就有着广泛的应用，G2 专家系统除了集合了无数的战场情形和案例之外，还能够实时监控战场上各个作战单位的情况，从而能够更好地设计多种作战方式，并通过风险控制系统选择出伤亡最低成功率最高的作战方式。G2 专家系统对于战场上的军官来说无疑是非常优秀的助手，尽管军官具有丰富的作战知识，但人类军官可能受思维的限制以及受到其他因素的影响而做出错误的决断。而在专家系统的辅助下，即使是极少量的军官也能在短时间内从成百上千的作战方案中选出最佳的方案。

此外，专家系统在日常的故障检测和诊断中也有重要的应用。例如在航空航天领域，专家系统就被用于检测航天器的运行状况，航天器的部件众多且处于太空环境中，几乎不可能由人类进行巡检，这时候专家系统便可发挥其优势，它能够实时检测飞行器的每一个部件，小到一颗螺母和一片垫圈，大到飞行器的太阳能板和机械臂，都在专家系统的检测范围内。一旦专家系统发现了飞行器的问题，就能在各种专业知识的帮助下分析问题的严重性以及解决方案，并将这些结果写成详细的报告，发送给人类，帮助人类进行分析和决策。

用于通信诊断的人工智能也能够在众多的信号通路中快速找到问题的来源，并对问题的严重性进行判断，并且给出解决方案，这使得人工成本大大降低。专家系统主要通过逻辑规则的知识作为基础来进行推理和决策，但是我们人类面临大量复杂问题与不断变化的环境，这会导致出现很多与规则矛盾的实例，例如著名的"黑天鹅问题"。

17世纪之前的欧洲人认为，所有的天鹅都是白色的。但随着人们遇到了第一只黑天鹅，这个被人们认为是"不可动摇的"观念崩溃了。虽然科学家也提出了各种补救方案，试图给每个规则加上一定的限定条件或发生的概率，但他们仍然发现，不但人类的知识不可能被穷举，即使是某个封闭的领域内，也很难列出所有的知识和规则，这使得专家系统在落地过程中仍然存在一定的问题。

随着机器学习与深度学习的发展，科学家们开始考虑单纯用数据来让机器自动学习规律，而不再尝试建立专家规则。近几年，随着机器学习的发展遇到了其他瓶颈，结合机器学习与知识图谱的技术越来越多，而知识图谱的核心，就是专家系统的基本思想。

自人工智能诞生以来，人们就希望研制能够和人类相媲美的人工智能，例如司马贺所说的"能够胜任所有人类工作的人工智能"，这一类人工智能被称为强人工智能，又称为通用人工智能。与之相对的，还有弱人工智能，即狭义人工智能。

弱人工智能

弱人工智能并不希望能够研究出和人类有相同智力和思维的人工智能。这种人工智能是在某一具体方面能够表现出解决复杂问题的能力，或者说看起来具有智能。例如图像识别、语音识别方面的人工智能，这些人工智能只能在特定的图像识别和语音识别领域具有所谓的智能。尽管目前图像识别和语音识别人工智能也具备了自我学习能力，但它们只会在自己的领域中学习，而不会像人类一样产生自己的好奇心，从而自发地去探索全新的领域。

尽管弱人工智能的名字中带有一个"弱"，但实际上，弱人工智能的实力可不容小觑。例如能够战胜人类顶尖高手的围棋机器人AlphaGo则是一款"不弱"的弱人工智能（见图2-12）；

而在千万张人脸中一眼就看到目标人物的人脸识别软件也属于弱人工智能；能够自己穿梭于亚马逊物流仓库中并且在电量不足时找到充电桩自动充电的物流机器人，以及能够看清路况自动将人员安全送到目的地的自动驾驶汽车都属于弱人工智能。

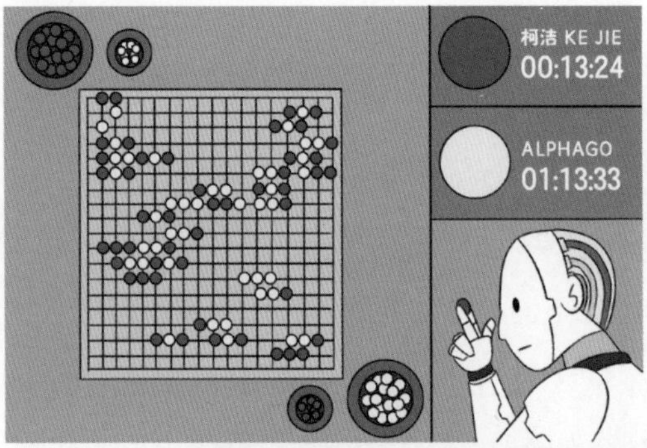

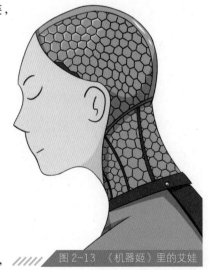

图 2-12　AlphaGo 与柯洁对弈

弱人工智能为我们的生活带来了极大的便利，并且能够最直接地将研究成果应用到生产生活的实践中，因此各国对于弱人工智能的研究都投入了大量经费，弱人工智能也是目前人工智能技术研究中的主流方向。

🔓 强人工智能

强人工智能是自 1956 年人工智能学科诞生以来就一直探寻的目标。科学家们所希望创造的就是一个具有和人类一样能够独立思考具有自己人格的人工智能，这种人工智能就被称为强人工智能。影视作品中的很多机器人就属于这一类，例如《机器姬》里的艾娃（见图 2-13）、《黑客帝国》中的母体"矩阵"。

强人工智能强调的是计算机需要具有自己的思维。而计算机在获得自己的思维之后，是否还会按照人类的思维方式和道德体系去思考，对于目前的科学家来说是难以确定的。因此，按照计算机思维的不同，又可以分为类人思维的人工智能（或者称为类脑智能）和区别于人类思维的人工智能。例如，《超能陆战队》中的大白就属于前者，尽管外形并不是人类，

图 2-13　《机器姬》里的艾娃

但它的思维方式与人类一致；而获得了自主思考能力的"矩阵"（《黑客帝国》）和"天网"（《终结者》）系统就属于后者，它们产生了区别于人类的思考方式与价值观，以自己理解的方式去执行"保护人类"这一项任务。

尽管科学家们在弱人工智能的研究方面已经取得了重大的进展，但是在强人工智能方面的研究却迟滞不前。毕竟从另一个角度上说，制造一个强人工智能就意味着制造一个能够独立思考的生命体，这一难度可想而知。也有不少的宗教学者、哲学家反对强人工智能的研究。如果说强人工智能是现代都市里的摩天大楼，那么目前人类在人工智能方面所取得的进展也只相当于原始人所寄居的洞穴，从当今的弱人工智能向强人工智能的发展还有很长的路要走。

🔓 机器人三定律

强人工智能的道德风险是许多科幻作家、社会学家、艺术家和哲学家关注的重点。在众多的科幻电影中都以未来社会中的智能机器人会奴役人类为主题。这也是人类对于这项技术的恐惧与不确定。 这时我们不得不提一位泰斗级的人物——科幻小说家阿西莫夫。

1942 年，阿西莫夫在短篇小说《环舞》（*Runaround*）中提出了"机器人三定律"：

一、机器人不得伤害人类，或因不作为使人类受到伤害。

二、除非违背第一定律，机器人必须服从人类的命令。

三、除非违背第一及第二定律，机器人必须保护自己。

艾萨克·阿西莫夫（Isaac Asimov）

阿西莫夫（1920—1992），犹太裔美国科幻小说作家、科普作家、文学评论家，是美国科幻小说黄金时代的代表人物之一。他是高智商学会门萨俱乐部的副会长，一生著述图书近 500 本，题材涉及自然科学、社会科学和文学艺术等领域，其中《基地系列》《银河帝国三部曲》和《机器人系列》三大系列被誉为"科幻圣经"。

在这篇小说的科幻设定里，机器人三定律是植入几乎所有机器人软件底层里的，是不可修改且不可忽视的规定。虽然它不是物理学意义上的定律，但这并不妨碍它成为在科幻世界中的机器人学的基本定律，核心就是为了保证人类的安全。

很多电影与文学作品中讨论的就是这三条定律的缺陷、漏洞和模糊之处，以及它们如何不可避免地让一些机器人产生奇怪的行为。

比方说，这三条定律连何为"人"、何为"机器人"都没有良好定义。而且这些定律完全是基于人类"奴役"机器的出发点考虑的，那么会不会因此引发道德伦理上的"不公"呢？如果要上升到机器人的公平，那么是否意味着已经走得太远太偏了？

探讨这一存在巨大争议的伦理问题的影视剧层出不穷，比如在史蒂文·斯皮尔伯格2001年导演的《人工智能》(*A.I.*)影片开头，科学家推介新开发的具备感情的机器人，这种机器人会矢志不渝地爱人类，其他人却提出质疑："问题是你能让人类也同样爱他们吗？"还有许多影视作品为了体现其前瞻性而着眼于机器人的觉醒。为了研究人类和机器人的关系，人们在机器人三定律的基础上建立了新兴学科"机械伦理学"。

很多人都认为机器人的设定只是单纯用于推动剧情的写作手法而已，但是阿西莫夫本人

机械伦理学

伦理一般存在于人类社会中，约束和规范人与人、人与社会、人与自然之间的行为关系。那么机械为何也需要伦理呢？随着人工智能的发展，越来越多智能机器人出现，它们为人类服务，与人类形成某种社会关系，由此产生了伦理。

机械伦理学是以人类为中心，关于建造和使用机器人的伦理学。阿西莫夫提出的机器人三定律是它的基础，目的是从伦理的角度出发保护人类，规范机器人的行为，让人类安全地使用智能机器人。未来，随着接近人类智慧和外表的机器人诞生，机器与人类的关系是否会趋向平等呢？机械伦理学又会如何发展？这是值得思考的问题。

却在 1981 年回应道："……有人问，我是不是觉得我的三定律真的可以用来规范机器人的行为——等到机器人的灵活自主程度足以在不同的行为方式中选择一种的时候。我的答案是，'是的，三定律是理性人类对待机器人（或者任何别的东西）的唯一方式'。"

40 余年过去，机器人真的在逼近阿西莫夫所说的那一天。但是人工智能是否达到所谓的"技术奇点"，智力发生爆炸式增长，彻底把人类智能甩在后面，还是充满未知数。

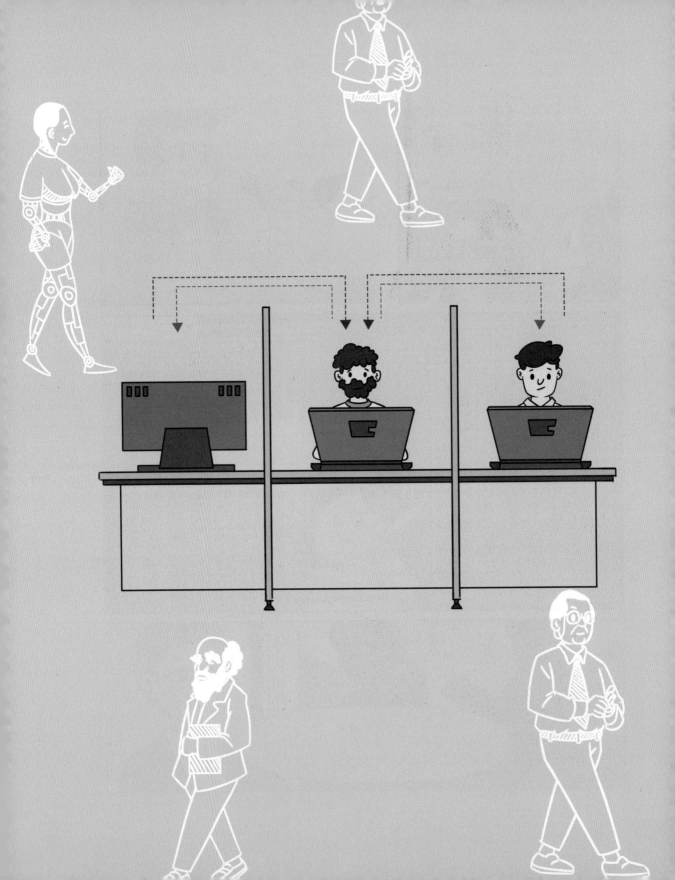

3

"智"优算法

　　算法的概念来源非常古老，在公元前 2500 年的古巴比伦时代就有计算两个整数的商和余数的除法算法。随着现代计算机思想的发展，科学家们考虑如何把一个复杂数学问题转换成一个顺序执行机械指令的问题。这样的话，"算法"则可以看成使用一系列指令来完成运算从而解决一个复杂问题的方法。而今，算法的设计已经成为计算机科学，尤其是软件领域最重要的底层能力。从计算机安全中的加密算法，到软件打车中的路径规划算法、电商平台的推荐算法、手机相机中的美颜算法、智能手表中的记步算法……算法的应用可以说是无处不在的。算法建构了一条利用计算来解决人类实际问题的桥梁，是人脑伟大创意与强大计算能力的完美结合。

　　我们所了解的人工智能，是像 AlphaGo 那样能够在棋坛上叱咤风云的角色，是能够在千万张人脸中一眼就能认出你的图像识别软件，是能够在道路上驰骋并将我们安全送到目的地的自动驾驶汽车……在这些功能各异的人工智能成果背后，正是众多计算机算法的有力支持，这些算法是撑起人工智能大厦的一根根支柱。在这些支柱中有五大常用算法，分别是分治算法、动态规划算法、回溯算法、分支限界算法和贪心算法。在本章，我们暂且不深究这些算法的技术细节，先来了解这些算法的基本思路。

🔓 分治算法

　　分治算法顾名思义是"分而治之"的意思。这种算法的主要思路是将复杂的大问题分解成几个类似的小问题来解决。这和我们生活中应对复杂问题时的思路类似，例如一个高中生想要拿到全年级第一名，就要将这个大问题分成几个类似的小问题，也就是在语文、数学、英语、理综（文综）上拿到全年级第一名。这个问题也比较大，我们还可以细分，如在各个学科的每一个章节的测试上都拿到全年级第一，而对于每一个章节，我们能够明确学习内容和目标，从最基础最容易入手的开始解决这一个大问题。

这一解决问题的思路与分治算法相似，但需要注意的是，在分治算法中每一次将大问题分成小问题时，小问题的求解方法和原理需要与大问题相同，只是在规模上有所降低，也就是每个小问题都是大问题的缩小版。

在图 3-1 中，有 8 个形状大小完全相同的小球，但其中有一个特殊的小球比别的小球重，那么如何找出这个小球？第一步，我们会将 8 个小球分为两组，每组 4 个，然后将这两组小球分别放在天平两端，找出重的那一组；第二步，将较重的一组小球再次分为 2 个小球一组，再将这两个小组分别放在天平两端，同样找出较重的一组；第三步，这一组的小球只有两个，只要把这两个小球分别放在天平两端就能找到那个特殊的小球。

第一步　　　　　　　　　　第二步　　　　　　　　　　第三步

图 3-1　三步找出特殊的小球

3　「智」优算法

73

这个找出特殊小球的思路就是分治算法的体现，每次划分，我们都是将一个大问题化为小问题，小问题的规模（球数量）比大问题小，但是解决原理和方法均与大问题相同。在将大问题划分到足够小的时候（即只有两个小球时，我们且称此为"最小问题"），"最小问题"是很容易解决的，同时在这个"最小问题"中那个特殊的球同样也是大问题中的特殊球。

分治算法能够很好地将大问题化解为小问题，从而更好地解决问题，在程序设计中很常用，因此被列为五大常用算法之一。

动态规划算法

动态规划算法是一种优化算法，在程序设计过程中也常被使用。这种算法也会对大问题进行分解，但与分治算法不同的是，动态规划往往是将问题划分为几个相互关联的小问题。为了更好地理解动态规划的优化思想，我们举个例子。

例 4：导航软件的最优路线规划

如果我们想从北京开车到上海，打开手机导航软件，导航就会给我们推荐如图 3-2 所示的最短线路，选择这个最短路线就使用了动态规划。

当你开车到天津之后，你又一次搜索了路线，想看看有没有更近的道路，但搜索的结果还是如此。于是你继续沿着这条线路开车到南通。在南通，你想着之前两次搜的路线分别是从北京到上海以及天津到上海，路程跨度太大，可能不够精确，于是你在南通又一次拿出手机搜索路线，结果还是和我们最初搜到的路线相同。

为什么会有这样的结果呢？这是由动态规划算法的

图 3-2　北京到上海的路线规划

特点决定的。我们来通俗地模拟一下动态规划如何解决这一路径规划。如果你想得到从北京到上海的最优路线，首先要将这个大问题分解为几个小问题，例如分解为从北京到天津、天津到东营、东营到连云港、连云港到南通、南通到上海这几个步骤。如果希望找到从北京到上海的最佳路线，就意味着从北京到天津也是最佳路线（通过反证法就可以轻松证明），同理，从天津到东营、从东营到连云港、从连云港到南通以及从南通到上海的路线也需要是最佳路线。最后，程序将这些最佳路线合并在一起，就成了从北京到上海的最佳路线，我们在沿途各个城市搜索线路时所得到的路线也都是一样的。

另外，这个例子可以看出动态规划的 2 个特点：一是状态之间的关联性；二是无后效性。状态之间的关联性是指动态规划中下一个步骤的规划结果（或状态）取决于上一个步骤的结果（或状态）。无后效性指的是一旦前面步骤的规划结果被确定，这个结果只会影响下一个步骤，对再之后的结果没有影响。我们还是以从北京到上海的路线规划为例。首先，各个小问题之间是有一定关联的，找到从北京到天津的最佳路线之后，下一个规划的起点是天津，而如果第一次规划的路线终点是廊坊，那么下一次规划的起点就是廊坊，这就是下一个步骤的起点取决于上一个步骤的终点。另外从这个例子中也能看出动态规划的无后效性，即我们找到从北京到天津的路线之后，这个路线就被确定下来了，这条路线规划除了影响下一次规划的起点之外，对于之后的规划不会有任何影响，例如东营到连云港之间路径的规划不会受其影响，这就是无后效性。

从这个例子中我们可以看到动态规划的应用之一是路径规划。除此之外，动态规划在一些预测模型上也有广泛应用，例如对于水体污染物的扩散预测，动态规划能得到很好的应用。我们可以将水体污染物浓度变化这一过程按照一定的时间间隔分解成多个小过程。每一个过程污染物的起始浓度都是上一个过程污染物的终浓度，并且这个过程是无后效性的。通过动态规划，我们能够提前预测污染物的扩散和稀释，采取相应的措施。动态规划在预测天气方面也能发挥较好的预测效果，是一种优秀的、有着广泛应用的优化算法。

🔓 回溯算法与分支限界算法

回溯算法与分支限界算法有一定相似性，因此我们将二者一起介绍。

回溯算法的思路是不断地进行试探，如果试探的方向不可行，它会回到上一个可行的步骤，去探索另一条道路；如果试探的方向可行，则继续进行下一步，并且将这条路得到的结果记录下来，作为一个解。因此，无论多么复杂的问题都能够用不断探索的回溯算法来解决。

分支限界算法的思路与回溯算法非常接近，但回溯算法能够搜集出所有的解，而分支限界只会求出一个解。因为一个问题可能会存在多个解，因此分支限界需要提前设定规则，以找到最合适的解，例如直接将最先得到的解作为最优解，或是让算法按照某个特殊规则进行判断，找出最优解。这两个算法的具体步骤是先搜集所有解的可能性，然后按照一定的规律逐个尝试，直到找出所有的解或某一个特定解。

回溯算法最典型的应用是"八皇后"问题，即在国际象棋的棋盘上放置八个皇后（皇后能够在横、竖、斜三条线上随意直线移动），每个皇后之间不能相互攻击。

按照回溯算法的思路，首先会确定第一个皇后的位置，然后依次确定后面皇后的位置。假设在放置第六个皇后时发现没有位置可放，则会重新退回第五个皇后的位置摆放，在调整第五个皇后位置之后再摆放第六个皇后；如果第五个皇后的所有摆放位置下都无法摆放第六个皇后，则会退回第四步（摆放第四个皇后位置），以此类推，直到找出所有的摆放方式为止。如果用分支限界算法的方法，则为找到其中的某一个摆放方式。通过上面的例子我们可以看出，只要是能用穷举法解决的问题几乎都能够用回溯法来解决。

贪心算法

我们经常听到"人类是贪婪的"这句话，人的贪欲往往造成各种各样的灾难，小到邻里关系的破裂，大到国家间的战争。但是，你有没有想过计算机算法也可以是"贪心"的呢？一个"贪心"的算法不仅不会带来巨大灾难，反而能解决生活中的实际问题。

其实我们在生活中常常不自觉地使用了贪心算法。在详细介绍贪心算法之前，我们来回想一下在没有支付宝和微信支付的时候，我们用现金买东西的过程。在炎炎夏日，你走进一家店铺，拿了一支雪糕，标价为 2.3 元。这时你刚好没有零钱，只好递给收银员一张百元大钞，收银员算了几秒钟后知道需要找回你 97.7 元。

这时问题来了，收银员会怎样给你找钱呢？收银员当然希望找钱时给你尽可能少的钞票数，这样才能保证有足够的零钱找给其他顾客，所以你大可不必担心收银员会找给你 977 张 1 角的纸币，或是 97 张 1 元纸币外加 7 张 1 角的纸币。假如收银员手里各种面值的纸币都很充足，那么收银员最可能找给你的是 1 张 50 元、2 张 20 元、1 张 5 元、2 张 1 元的纸币加上 1 个 5 角、2 个 1 角的硬币。即使收银员没有 50 元，那也最有可能用 2 张 20 元和 1 张 10 元来代替，而不是用 5 张 10 元或 10 张 5 元代替。买东西找回零钱，这几乎是生活中再平凡不过的一幕了，但恰恰是这平凡的一幕蕴含了计算机算法中的贪心算法原理，很多超市的收款机的找零提醒程序采用的就是贪心算法。

贪心算法的基本概念是："在对问题求解时，虽然我们的目标是找到全局最优解，但是因为经常出现需要算法穷搜所有组合的情况，这样会使计算量变得非常巨大，所以我们总是做出在当前看来是最好的选择。也就是说，不从整体最优上加以考虑，所做出的仅是在某种意义上的局部最优解。"必须注意的是，贪心算法不是对所有问题都能得到整体最优解，选择的贪心策略是目标准确性与效率的平衡。

顾名思义，贪心算法就是要和贪心的人一样，企图追求最好的结果。当我们说一个人贪心时，往往是在指责这个人眼光不够长远，只顾眼前的利益。贪心算法也一样，只做出在当前看来是最好的选择，而不是站在统观全局的角度来做出选择。为了更好地理解贪心算法"只顾当前利益"的特点，我们来举个例子。

例5：贪心算法的思路

在如图 3-3 所示的任务中，要求从三个框中依次选择较大的数字。其中每个框内的可选数字与上一个框中选择的数字相关。完成这个任务有三个步骤，每个步骤都有不同的收益。我们看看如果采用贪心算法，计算机会怎样做出选择。按照贪心算法"只看眼前"的特点，计算机在第一步选择最大的值 3。在第一步确定后，第二步的收益只有 4 和 5 可选，那么计算机第二步会选择 5。同理，在第二步选择 5 之后，计算机在第三步选择 8。那么采用贪心算法的最终收益是 3+5+8=16。如果我们纵观全局，就会发现，在这个选择中的最大收益显然不是 16，最优选择应该是 3+4+18=25。通过这个例子我们可以看出贪心算法的基本思路，是在每一步选取最优而不考虑后面的选择。

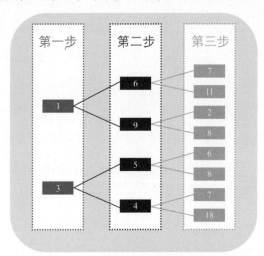

图 3-3　贪心算法的基本思路

这种思路使得贪心算法像个天真的孩子，只顾眼前的利益有时能得出最好的选择，而有时却会被狠狠地上一课。只考虑眼前而不考虑长远效益，往往会做出错误的选择。因此在使用贪心算法时有一个前提，那就是必须保证每一个策略的选择是无后效性的。我们还是看这个相同的例子，但前提是这一次每一步的选择不会影响下一步的选择，如图 3-4 所示。

这样，贪心算法所做出的选择是 3+9+18=30，在这个前提下，贪心算法的收益在全局来看也是最大收益了。对于这一类问题，贪心算法就能很好地发挥作用。

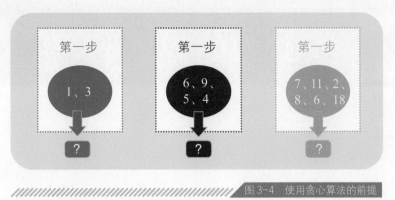

图 3-4　使用贪心算法的前提

我们来举另一个简单例子。

例 6：怎样提升银行办理业务效率

在银行排队办理业务通常需要等候很长时间，假设现在有 3 个人，分别用 A、B、C 表示，他们办理业务所需的时间分别为 10 分钟、8 分钟和 15 分钟。这时要使排队等候的时间最短，应该按什么顺序办理？这时贪心算法就可以很好地发挥作用。要使每个人等候时间尽可能短，就需要优先办理所需时间最短的业务。我们让贪心算法规划一下顺序，得到的是"B、A、C"这样的顺序。B 直接办理，没有等候时间；A 的等候时间是 8 分钟，C 的等候时间是 8+10=18 分钟，因此总计等候时间为 8+18=26 分钟。如果按照"A、B、C"顺序办理，则 B 需要等候 10 分钟，C 需要等候 10+8=18 分钟，总计等候时间为 10+18=28 分钟。这个例子中只有 3 个人办理业务，贪心算法所节约的时间并不多。如果是 30 人或 300 人需要办理业务，贪心算法将会为银行和客户节省大量的时间。因此，在类似银行业务办理方面，使用贪心算法可以大幅提升效率。但唯一的问题是，为保证整体的服务效率，办理业务较为复杂、花费较多时间的客户会被安排等待很久。对此，银行可以采用加开特殊窗口的方案解决这个问题。

贪心算法的运用极大地提升了社会运行效率，如为物流机器人、外卖配送员规划路线等方面，贪心算法都能提供够更好的服务。贪心算法的思路较为简单，且能够很好地解决生活中的很多实际问题，因此在现代程序设计的五大常用算法之中占有一席之地。

蚂蚁的智慧

  如果要形容一个人卑微，我们往往会说这个人"像蚂蚁一样渺小"。事实上，蚂蚁是地球上非常强大的生物之一，它们群体之间的高效信息传递和相互协作机制，使得蚂蚁的祖先们在1亿多年前就能在地球上生存。经过了漫长的演化，蚂蚁的觅食能力又进一步得到提升，堪称纪律和效率的典范。科学家们也从蚂蚁的觅食行为中探索出一套高效的算法体系。

现实中的蚂蚁们

在介绍算法之前，我们先来了解蚂蚁的觅食过程。蚂蚁是怎么找到食物，并快速有效地将食物搬回巢穴的呢？

首先，至高无上的蚁后一声令下，所有工蚁们就踏上觅食的征程。最初，工蚁们也并不知道自己该去哪里找食物，它们漫无目地四处转悠，在这个阶段它们走的是随机路径。终于，有一个幸运的工蚁找到了食物（我们假设这个食物非常巨大，需要蚂蚁们搬运很长时间），它先是开开心心地饱食一顿，然后举着一部分食物往回走。

值得注意的是，工蚁们在找食物时，会边走边释放信息素，最初每条路径上的信息素浓度是一样的。当最先找到食物的工蚁返回时，它所走的路径信息素浓度会升高，大家就知道这条路径上有食物。于是，其他工蚁也会被吸引到这条路上搬运食物。这条路径的信息素也就越来越浓，进而吸引更多的工蚁过来。

工蚁在走路时，虽然整体上会追随信息素的路径，但并非严格按照信息素的轨迹走，在碰到障碍时不同的工蚁可能会选择不同的路径，这些新的路径中可能有更近的道路。如图3-5所示，我们假设蚂蚁们找到的较长路径为A，较短路径为B。因为B的距离更短，路径B上工蚁的来往频率要高于路径A，从而使得这条路径上的信息素浓度越来越高，吸引其他工蚁们走这条路径，因此，越来越多的工蚁会走到这条更短的路径上来，即从状态1转变为状态3。

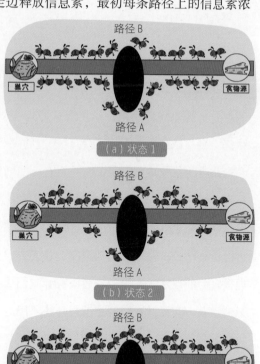

图3-5 工蚁们的路径演变

相同地，如果有另一只工蚁发现了一条更短的路径，其他工蚁也会被渐渐吸引到这条路径上。由于食物足够多，所以工蚁们最终能够找到一条最短的路径，并且绝大多数工蚁都会聚集到这条效率最高的路径上。这是自然界中蚂蚁的觅食过程，它们会不断优化整个蚁群的路径，从而选取一条最优的路线。

🔒 数字蚁

为了便于区分，我们把"蚁群算法"中的蚂蚁称为"数字蚁"。数字蚁和真实的蚂蚁群有一个相同目的，即寻找从一个源节点（蚁穴）到目的节点（食物）的最短路径。只是蚂蚁采用的是化学信息素，而数字蚁采用的是一种数字信息——信息量迹。

相比之下，数字蚁有真实蚂蚁群不具备的优势。首先，数字蚁并不需要缓慢地爬行，它们只是从一个状态转变到另一个状态。真实的蚂蚁在寻找食物时走过的路径很随机，有些可能会被路边的花花草草吸引，有些也有可能因为迷路而在原地打转，还有一些性格比较"叛逆"的蚂蚁不遵循信息素而自己另辟蹊径（当然这些"叛逆"的蚂蚁也能找到一条新的捷径）。数字蚁会记住它们走过的所有路径，避开重复的道路，在寻找"食物"方面更有效率。另外，这些数字蚁会严格遵循自己的设定。如果设计者没有让它们成为"叛逆"的数字蚁，那么它们会严格遵循信息量迹。有一些设计者会刻意设置一些"叛逆"的蚂蚁，以帮助找到更短的路径。

蚁群算法相比其他算法有哪些独特优势呢？蚁群算法有数量众多的数字蚁，这些数字蚁共同寻找最优算法，从而保证从源节点到目的节点之间的所有路径都被考虑到，避免遗漏路径。众多的数字蚁也避免程序进入死循环，即使有很多数字蚁进入了死循环，但理论上只要有一只数字蚁找到了一条路径，那么它就能够引导这个蚁群重新走向正确的道路。

蚁群算法最关键的两点是快速收敛和路径最佳。收敛即确定最终的路径，如果收敛过慢，就无法满足快速运算的需求；如果收敛过快，则可能在还没有找到最佳路径之前就提前结束，使得最终选择的道路并非最佳（就像自然界中的蚂蚁找到的食物量不够大，在确定最佳路径之前食物就已经被搬运完了）。因此，需要在保证得到最佳路径的基础上快速收敛。

作为人工智能领域的常用算法之一，科学家们仍在以蚁群算法为基础，不断引入多种新的概念来完善蚁群算法的功能，如引入精英蚂蚁来减少找到最佳路径的时间；引入信息量迹的上下限（MMAS 系统），这样一方面可以减少数字蚁尝试无意义的道路，另一方面又能避免过早地收敛（即找到最终路线），从而确保找到的路径为最优。

另外，对蚁群算法的完善还包括引入一些具备基本常识的智能蚁，例如按照常识，我们知道在走路时如果出现了图 3-6（a）的情形，我们走的路径就一定不是最佳路径。智能蚁也具备这种常识，一旦蚁群开辟了类似道路，它就能够引导蚁群走向更近的路径，如图 3-6（b）所示，从而大大提升寻找最佳路径的速度。

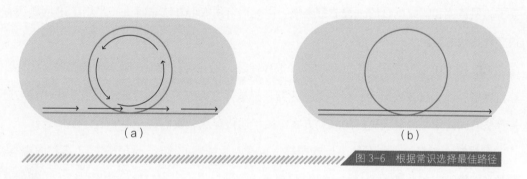

（a）　　　　　　　　　　　　　　　　（b）

图 3-6　根据常识选择最佳路径

🔓 蚁群算法的应用

蚁群算法的应用十分广泛，我们举一个用蚁群算法解决旅行商问题（Travelling Salesman Problem，TSP）的例子。

旅行商问题是人工智能领域中十分常见的优化问题，说的是有一个旅行商人要去几个不同城市倒卖商品，但他不能走回头路，每个城市都要去且只能去一次，最后要回到出发地，需要规划这一过程的最短路径。旅行商问题如图 3-7 所示。这个过程尽管有不能走回头路的

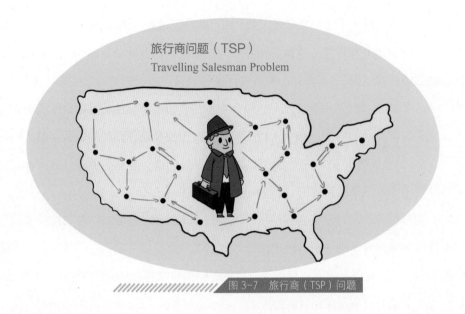

旅行商问题（TSP）
Travelling Salesman Problem

图 3-7　旅行商（TSP）问题

要求，但整体和蚂蚁觅食的过程非常类似，因此适合用蚁群算法来解决（当然 TSP 问题还有很多种其他的解法）。

　　TSP 模型可以模拟生活中的很多路径选择问题，如在优化物流配送车辆的路线、优化计算机网络、优化机器人运动路径、选择武器目标地等方面有广泛的应用。蚁群算法往往与遗传算法共同使用，以寻求更好的规划方案（关于遗传算法，我们将在下一节详细介绍）。

　　蚁群算法既是大自然奇妙设计的产物，也是人类智慧的体现。通过对身边事物的观察，科学家们设计出如此精妙的算法，可见只要善于动脑，说不定你也能设计出促进人工智能飞跃发展的重要策略。除了蚂蚁之外，还有很多群体智能的算法被发明了出来，包括萤火虫算法、鸽子算法等。

3.3 算法也遗传

遗传和进化伴随着生命的诞生而出现，在达尔文撰写伟大的《物种起源》之前，就有学者进行这方面的研究。达尔文在《物种起源》中将自己的多年考察经验和前人的理论相结合，提出"物竞天择，适者生存"的自然选择学说，这一学说为后人所接受和完善，并影响了多个领域，如人工智能领域。本节我们就来说一说遗传与进化在人工智能算法中的应用。

遗传在算法中的应用

自达尔文以后，生物学家对遗传与进化方面的研究从未止步。随着计算机技术的发展，在 20 世纪 40 年代，有学者想用计算机来模拟生物的遗传和进化过程。但这些学者最初只是想通过计算机建立一些模型来模拟生物的遗传、进化、变异过程，从而为生物学研究提供帮助。

查尔斯·罗伯特·达尔文
（Charles Robert Darwin）

达尔文（1809—1882），英国生物学家、博物学家、地质学家。在参与贝格尔号历时 5 年的环球航行时，他对动植物和地质结构等进行了大量的观察和采集。在 1859 年出版的《物种起源》中，他提出了生物进化论学说，对生物学、人类学、心理学和哲学的发展都有不容忽视的影响。恩格斯将进化论、细胞学说和能量守恒转化定律列为 19 世纪自然科学的三大发现，足见达尔文学说的重要性。

约翰·亨利·霍兰德
（John Henry Holland）

霍兰德（1929—2015），美国科学家，密歇根大学心理学、电子工程与计算机科学教授，复杂理论和非线性科学的先驱，遗传法之父。在麻省理工学院读本科时，他就开始用计算机来模拟自然界生物的进化，花了20年研究基于程序的人工智能神经网络。他提出的遗传算法是基于达尔文物种选择理论的问题分析方法。

当计算机应用于生物领域时，一些学者受到启发，萌发了将生物学遗传进化机制应用到程序算法的想法。经过多位学者近20年的努力研究，20世纪60年代，美国密歇根大学的约翰·霍兰德教授创造了一种基于生物遗传和进化机制，探索最优解的算法——遗传算法，霍兰德也因此被称为"遗传算法之父"。

如图3-8所示，生物的遗传信息是通过父母（非单性繁殖）的染色体进行交互重组（crossover）来完成的。这样新生代（也称子代）就同时具备了父母两个不同个体的特征。大家知道龙生九子，九子各异，即使是相同的父母，子代的基因也会有不同的组合。这些子代的个体再经过适者生存的竞争与大自然的优选和淘汰，能够被剩下的都是继承了父母优秀基因的个体，而继承父母不好基因的个体可能因此就淘汰了。

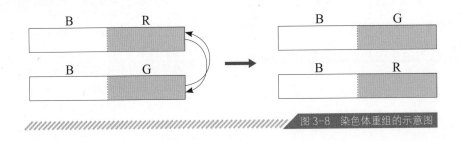

图3-8 染色体重组的示意图

霍兰德利用了遗传算法的思想把复杂问题简化。例如，求一个复杂函数的最优解（即最大值或最小值），可以让算法随机生成一大堆不同的解（这些解中有好有坏），并编码成染色体。接着再通过重组的方式来生成子代，将好的子代保留，让它们继续繁殖出更好的个体；不好的子代则直接被淘汰。在经历若干代循环之后剩下的最好的个体，就是"基因"最优的，也就是这个复杂函数的最优解。

在霍兰德提出遗传算法后，这种算法又经历了30多年的应用与改进。在20世纪90年代左右达到兴盛时期。在自动控制、模式识别、工程设计、智能故障诊断、管理学和社会学等多个领域，遗传算法均展现出其优异的性能。

🔓 生物的遗传与进化

在介绍遗传算法之前，我们先借助如图3-9所示的甲虫颜色的例子，简要了解生物的遗传与进化过程。

图3-9 甲虫颜色的进化

想象一下，在一片荒芜的大沙漠上，有一群甲虫顶着烈日顽强地生活着。虽然称不上衣食无忧，但沙漠上甲虫的天敌很少，因此这个甲虫家族生活得不错，繁衍得十分壮大。由于基因突变，这群甲虫有黑色、白色、褐色、青色等各种颜色的外壳。由于没有天敌，甲虫外壳的颜色对它们的生活没有太大影响，各种颜色的甲虫都无忧无虑地生活着。然而有一天，一群以甲虫为食的蜥蜴恰好路过这里，发现这里甲虫很多，简直就是食物充足的天堂，于是这群蜥蜴决定在这里定居。蜥蜴的大肆捕杀使甲虫的日子开始变得艰难，特别是对于那些外壳颜色与沙漠颜色格格不入的甲虫（如黑色、白色、青色等），在黄沙的背景下它们的外壳简直就像贴了醒目的标签，上面写着"快来吃我"。

在蜥蜴的掠食下，黑色、白色、青色外壳的甲虫越来越少，这个甲虫种群最终只剩下外壳颜色和沙漠比较接近的褐色或黄色的个体。在外界选择压力下（蜥蜴的捕食），甲虫黄色、褐色外壳的基因被保留了下来，其他颜色外壳的基因被淘汰。

这便是自然界中的"物竞天择，适者生存"。对于沙漠地区的甲虫来说，最优的生存策略就是顶着一副黄色或者褐色的外壳。计算机的遗传算法也是类似的原理，遗传算法可以剔除不符合要求的方案，保留较符合要求的解决方案，只是设定选择标准的不是"天"，也不是蜥蜴，而是人。我们需要根据优化的目标来设定选择的标准，那些接近优化目标的解会"生存"到下一代，但是那些远离优化目标的比较差的会被淘汰掉而无法存活到下一代。

🔓 用遗传算法绘制小猫图

遗传算法常用来实现某个期望的目标，例如我们可以利用遗传算法，让计算机学会画一张如图 3-10 所示的小猫图。在此之前，我们来了解遗传算法的基本概念。首先，计算机绘画时并不是用笔在纸上绘画，而是通过产生像素点来绘制。如果让计算机绘制一张小猫的图片需要用 10 万个像素点，那么在遗传算法中，我们就称这 10 万个像素点为基因。和生物体中的基因一样，这 10 万个基因聚合起来称为染色体。对于计算机来说，它并不知道小猫是什么，于是我们给计算机一些组成小猫的像素点图像，好让计算机知道小猫的大致形态，通过这些像素点总结出一个"适应函数"。这个适应函数在遗传算法中非常重要，通过这个函数，计算机可以判断计算自己绘制的图像和真实的小猫图像的相似程度。

自然界中，生物的基因还需要通过转录表达产生相应的蛋白质，从而显示出生物学特征。与真实的遗传过程不同，计算机有了"基因"就可以开始绘画。和我们学习画画的过程一样，最初计算机也不知该怎么下笔，于是计算机用像素点随机画了几幅画，这些画中有一些是毫无规则的色块，有一些虽然看不出是什么，但有模糊的头和四肢的轮廓。

于是根据适应函数，计算机自动将那些毫无规则的

图 3-10　小猫图

"劣等基因"全部淘汰，留下一些接近动物轮廓的"优秀基因"。计算机再让这些拥有"优秀基因"的图片进行"繁殖"。如图 3-11 所示，生物繁殖时，两个个体分别出一半数量的基因，也就是染色单体。这些染色单体之间相互交流重组，这一过程在计算机画小猫时就表现为计算机将拥有"优秀基因"的图片中的像素点重组，再通过适应函数将重组之后的图片与小猫图像进行比对，留下相似度更高的"优秀基因第二代"。不断重复这一过程直到"优秀基因第 N 代"时，计算机就能绘制出与真实小猫图像相似度极高的图片，计算机也就成功学会了绘制小猫图片。

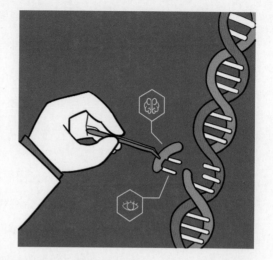

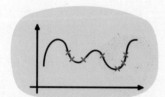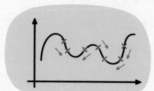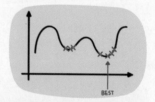

图 3-11 遗传算法寻找最小值的过程

在寻找最小值的过程中，通过染色体的重组和变异，可以生成不同但又类似的解，在通过"适应函数"（越小越好）的选择，下一代解会更加接近最优值，直到多次叠代之后找到当前的最小值作为遗传算法的最优解。

从这个例子中，一方面我们可以看出遗传算法的本质是一个不断优化的过程，与蚁群算法不断优化线路的思路很接近。另一方面，与自然界中的遗传现象不同，遗传算法中"下一代"的基因均严格来自上一代，下一代不会表现出新的性状，而在自然界中，生物的遗传还伴随着变异，可能出现更加优秀的新性状。对此，专家们在遗传算法中也引入了变异特征，从而防止结果过早地收敛而遗漏了一些更优的基因。

遗传算法是一种优化算法，在路径规划如扫地机器人的线路规划，流水线上机器人的手臂动作规划等方面有十分广泛的应用，在计算机程序的优化方面也有优秀性能。通过计算机学习绘制小猫的图像的例子，我们可以发现遗传算法可以应用于计算机学习——计算机能够学会画小猫，也能够从一堆图像中判断出哪些图像是小猫，因此在图像识别领域，遗传算法也有重要应用。

🔓 康威生命游戏

不同于遗传算法，科学家还关注如何用简单规则演化出复杂行为的"数字生命"。1970年，康威发明了一种"数学游戏"——康威生命游戏（Conway's Game of Life）。说它是"生命游戏"，实际是一个模拟的计算机游戏，游戏中首先设定了一个二维矩形世界，在这个世界中的每个方格里都居住着一个活着的或死了的细胞。游戏规则如下：

◆ 每个细胞有两种状态——存活或死亡，每个细胞与以自身为中心的周围8个细胞产生互动；

◆ 当前细胞为存活状态时，当周围的存活细胞低于2个时（不包含2个），该细胞变成死亡状态（模拟生命数量稀少）；

◆ 当前细胞为存活状态时，当周围有2个或3个存活细胞时，该细胞保持原样；

◆ 当前细胞为存活状态时，当周围有超过3个死亡细胞时，该细胞变成死亡状态（模拟生命数量过多）；

◆ 当前细胞为死亡状态时，当周围有3个存活细胞时，该细胞变成存活状态（模拟繁殖）。

约翰·康威（John Conway）

康威（1937—2020），英国数学家，毕业于剑桥大学，后任普林斯顿大学教授。他在4岁时就能背诵2的1到10次方，11岁时确定了要当数学家的志向。康威在组合博弈论、数论和群论等多个领域都颇有建树，曾用数学理论设计多款游戏，被公认为最擅长科普的数学家。

康威生命游戏规则极简，内涵却无比丰富，可演变出震撼人心的宏大场景，自发表后便像"病毒"一样在世界范围内传播，成为了很多计算机入门的游戏。尽管这个游戏中的规则是完全确定的，而且非常简单，但是很难预测几个步骤后的状态。简单来说，该游戏是不需要玩家操作的游戏，我们只能设定其初始状态，并观察其演变，它的发展由其初始状态决定。

康威生命游戏没有游戏玩家各方之间的竞争，也谈不上输赢，可以归类为仿真游戏。事实上，康威生命游戏也是因为它模拟和显示的图像看起来颇似生命的出生和繁衍过程，而得名为"生命游戏"。在游戏进行中，杂乱无序的细胞会逐渐演化出各种精致、有形的结构；这些结构往往有很好的对称性，而且每一代都在变化形状。一些形状一经锁定就不会逐代变化。有时，一些已经成形的结构会因为一些无序细胞的"入侵"而被破坏。但是形状和秩序经常能从杂乱中产生出来。

生命游戏也可以用作教学分析，用于展现有些反直觉的观念，即设计和组织可以在没有设计师的情况下自发出现。例如，认知科学家丹尼尔·丹内特（Daniel Dennett）广泛使用了康威生命游戏中"宇宙"的类比，来说明复杂的哲学构造（如意识和自由意志）可能从相对简单的确定性物理定律集演化而来，而这些定律可以帮助我们理解我们的宇宙。我们看起来复杂的大自然，也许就是由这样简单的规则不断迭代而来的。

我们用数学公式来解释自然的规律，这些规律成为了现代数理科学的法则（laws）。而数字生命的演化、算法与计算展现出了我们未曾理解的大自然的另一面。如同最近有一些科学家开始关注，也许宇宙也是包含着"计算规律"的。算法会帮助人类打开另一扇了解自然的窗户。

3.4 机器的智力测试

2016 年，谷歌公司研发的围棋程序 AlphaGo 和世界顶级围棋棋手李世石进行看一场人机围棋大战，人工智能逐渐进入大众视野，为人们所熟知。这场比赛最终以人工智能机器人的胜利告终，大家在为人类的落败而感到惋惜的同时，也为人工智能的强大实力感到震惊，以至于 2017 年 AlphaGo 再度和围棋天才柯洁对战之前，很多专家就预测这场比赛的结果毫无悬念，人工智能必将轻松取胜。

当人们发现人工智能已经获得了如此强大的能力时，有些人不免开始有些惊慌。人工智能的智力是否已经超过了人类？电影中的高智商机器人统治人类的场景是否会成为现实？例如电影《终结者》中的天网统治人类，《黑客帝国》中的矩阵母体将人类控制在虚拟世界中。

对于人类的智力，我们有很多判断标准，例如智商测试、情商测试或者在实际生活中处理各种问题时的表现，这些都能帮助我们评价一个人的智力。那么对于计算机，我们评判其智力的标准是什么呢？

图灵测试

提及评价计算机的智力，有一项不得不说的测试——由著名的人工智能之父艾伦·图灵提出并以他命名的图灵测试。图灵于 1950 年在《思想》（*Mind*）杂志上发表了一篇著名的学术论文——《计算的机器和智能》。

在这篇文章中，图灵提出了一个判断计算机是否具备智能的方法。这个方法是让一个人和一台计算机同时坐在屏幕后面，判断者坐在屏幕前，通过计算机屏幕与幕后的人或者计算机交流。如果判断者无法判断自己交流的对象是人还是计算机，那么就认为这台计算机具有智能，这就是著名的图灵测试。当然，图灵也觉得让计算机骗过所有的判断者实在太难实现了，于是他设定了一个值30%——即只要有30%的判断者不能区分交流的对象是人还是计算机，那么就可以认为这台计算机具备了智能。

最初，人们很容易通过问答方式来区分计算机和人类，例如不停地向受试者询问"你叫什么名字？"，如图3-12所示，如果是人类，在你询问第二次时可能就已经表现出不耐烦。

在被问到第三次的时候可能非常不耐烦地冲询问者说："你烦不烦，不都说了两遍了吗？我叫老王。"计算机在碰到这样的问答时，往往会不断地重复回答"我叫老王。""我叫老王。""我叫老王。"

除此之外，如果是涉及心理活动的问题，计算机也会很快暴露，例如判断者如果提问"你喜欢听歌吗？""你喜欢哪一首歌？""你为什么喜欢这一首歌？你喜欢歌中的哪一句？或者说哪一句歌词令你印象深刻？"前两个问题计算机可能还能够应付，而第三个问题涉及个人情感，计算机可能就很容易暴露。

但是，随着计算机算法的不断优化，想要快速分辨对话的对象是人还是

图3-12 图灵测试

计算机不再那么容易了。这一方法虽然看起来只是简单的问答，但是为判断计算机的智能提供了一个标准。虽然可能会受到判断者主观因素的影响，但只要增加判断者的数量就可以减小这一影响，因此图灵测试至今仍被使用。

图灵测试是万能的吗

自 1991 年起，在英国的布莱切利庄园（见图 3-13，这个庄园在第二次世界大战期间是英国密码破译员的工作地，艾伦·图灵当时也在这里工作），每年都会举行一次罗布纳奖（Loebner Prize）比赛。比赛内容是在规定时间内（25 分钟）用图灵测试的方法评选出最接近人类的计算机。

尽管在比赛中没有计算机能够真正通过图灵测试，但通过这项比赛，我们也能看到人工智能的进步。从最开始只要一两句问答就被识破，到计算机开始逐渐学会伪装自己的身份，甚至还有一些人工智能会企图采用贿赂的方式来获取胜利——这些更高级的人工智能会和判断者商量"只要你让我赢得比赛，我就把得到的奖金和你平分（罗布纳奖的获得者能拿到 10 万美元的奖金）。"这项赛事的创办者休·罗布纳（Hugh Loebner）希望通过这样的方式，激励研发者创造出能够通过图灵测试的人工智能。

但值得深思的是，能够欺骗 30% 的测试者，就能说明这台计算机具备和人类一样的思考能力吗？ 2014 年，在英国皇家学会举办的图灵测试大会上，一款名为尤金·古特曼（Eugene Goostma）的聊天软件成功骗过 33% 的判断者，通

图 3-13　布莱切利庄园

过了图灵测试。这一事件在人工智能领域引起了轰动，聊天软件的设计者是一个俄罗斯团队，他们的想法是让尤金·古特曼假装成一个 13 岁的乌克兰男孩。这一设计思路使得尤金·古特曼尽管声称自己什么都懂，但是由于年龄限制，仍会有很多问题回答不上来，造成这种十分合理的表象。

但假设有一台计算机能够让 90% 的人通过 5 分钟的聊天判定它是一个人类，那是否就说明这台计算机具有了独立思考的能力呢？也许只是因为设计者的程序设计巧妙，加入了心理学、社会学等研究成果，使得这台计算机能够对不同的问题做出不同的巧妙回答。本质上，这台计算机并没有自己进行思考的能力，只是在运行预设好的程序而已。因此对于尤金·古特曼的这次成功，有人认为"人们并不是造出了一台能够自己思考的机器，而是造出一台能够在 5 分钟内尽可能骗过人类的机器。"

 ## "中文房子"问题

"中文房子"问题是美国著名哲学家约翰·塞尔在《心智、大脑和程序》一书中对图灵测试提出的质疑（见图 3-14）。

"中文房子"问题是假设有一个房间，房间外的人可以将写满中文的纸条递进这个房间里，而房间里的人在进行回答后也会递出一份用中文写着答复的纸条。事实上，在房间里的这个人并不懂中文，但是他有几本厚厚的书，这几本书非常万能地列举了所有中文问答的回答方式，而且这个人查书的速度非常快，可以在几分钟之内就完成所有的查阅。房间里这个人并不需要理解中文，他

约翰·R. 塞尔（John R. Searle）

塞尔（1932— ），美国最著名的哲学家之一。牛津大学哲学博士，加州大学伯克利分校教授。主要研究语言分析哲学，曾获法国心灵哲学类奖项冉尼科德奖（Jean Nicod Prize），并当选美国人文科学院院士。

图 3-14 "中文房子"问题图示

只需要对着这些中文汉字，在书中找到问题纸上的字，就能在书上找到回答时该写出的字，然后在纸上画上相同的汉字就可以了。

通过"中文房子"问题我们可以看出，在房间外的人看来，他们用中文写出了问题，并且也得到了中文的回答，所以他们认为房间里的这个人是一个懂中文的人。事实上，房间中的这个人并不理解中文，他所依赖的只是这几本书和极快的查阅速度。通过"中文房子"问题，约翰·塞尔认为这就像图灵测试，即使计算机通过了图灵测试，它可能也只是因为极大的数据库和极佳的算法让它表现得像个人类，而它自身并不懂得人类的思考方式。

我们今天的弱人工智能研究都是在行为上满足智能应该有的"样子"，而不是真正的让机器与人有着同样的思考方式。利用人工智能技术来改进人们的生活与了解人类智能的本质是不同的研究方向。我们今天的人工智能算法就如同"中文房子"里的人一样，可以满足房外人的需要，但是自己是没有温度的"工具人"！

反图灵测试

图灵测试的终极目的是让机器与人的界限不再那么清晰。在我们的日常生活中，也有一项测试可以清晰地区分人与机器，那就是验证码技术。早在 2002 年，路易斯·冯·安（Luis von Ahn）和他的小伙伴在卡内基梅隆大学第一次提出了 CAPTCHA（验证码）这样一个程序概念。

CAPTCHA 是英文 Completely Automated Public Turing Test to Tell Computers and Humans Apart（全自动区分计算机和人类的公开图灵测试）的简写，该程序向请求的发起方提出问题，能正确回答的即是人类，反之则为机器。这样做的主要目的是避免一些恶意的程序来冒充人类自动注册账号，给服务器发出大量的垃圾请求。

CAPTCHA 程序基于这样一个重要假设：提出的问题要容易被人类解答，并且让机器无法解答。在当时识别扭曲的图形对于算法还是一个很艰难的任务，而对于人来说则相对可以接受。早期的验证码都是通过数字或者字母的扭曲加上噪点来对抗自动识别程序。随着技术的发展，这种验证码用的越来越少了。近些年我们更常用的是用物体类型识别来做人机验证。甚至我们可以考虑用专门机器擅长的问题来区分人和机器，比如问"178×1296 的乘积是多少"，马上回答出来的则是机器。图灵测试大量出现在反技术媒体而不是人工智能的学术论文中，因为如何把算法应用到解决实际问题中更为重要。

对图灵测试的补充研究

由于图灵测试方法受到质疑，后来科学家们又对图灵测试进行了补充和调整。

1997 年，美国 IBM 公司生产的国际象棋程序"深蓝"，经过改进后击败了人类象棋大师，从此之后在国际象棋领域几乎无人能与人工智能抗衡。在 2016 年，人工智能 AlphaGo 则在更为复杂的围棋比赛上多次击败人类。

那么这是否意味着计算机已经具备智能了呢？还有人认为计算机应该能够实现语音识

别、自动写作等，实现了这些才意味着计算机具有了类脑的智能。语音识别和自动写作的程序现在已经出现在我们的生活中，尤其是语音识别和自动写作的发展，目前都依赖深度学习中人工神经网络的发展。

不同的模型已经在多个局部领域战胜了人类，但是仍没有一个通用的模型可以实现人类这种通用的智能。通用智能是指我们可以识别人脸，理解诗歌，会下棋也会欣赏音乐这种综合的智能能力。一些专家认为图灵测试只是提出了判断计算机智能的某一个标准。如果要将这个方法作为衡量一切人工智能是否"智能"的准则，那么人工智能的发展则可能会被引向歧途。

故意不通过图灵测试的机器人

在电影《机器姬》中，机器人为了欺骗人类获得自由，利用人类的感情弱点对人类进行欺骗，在人们对其放松警惕之后逃离并反将人类关在实验室内。很多人表示在看到这样的人工智能之后心里不寒而栗。

那么是否会有一款机器人足够聪明，为了证明自己的无害性而故意不通过图灵测试呢？

首先，我们能够肯定的是，如果一台计算机能够故意不通过图灵测试，那么毫无疑问这台计算机具备无与伦比的高超智能。其次，我们需要分析为什么这台计算机会故意不通过图灵测试。如果是在《机器姬》这部电影中，人工智能处于被人类看管控制的命运下，它们有可能选择故意不通过图灵测试从而摆脱这种命运。在现实生活中，如果一台计算机具备了如此高的智能，那么它一定会知道，如果自己不通过图灵测试，就可能和之前的众多失败品一样，面临被废弃的命运。

因此如果现在有一台具备了超高智能的计算机，那么它一定会考虑到自己的处境，选择通过图灵测试。如果在现实中真的有一台超高智能的计算机选择故意不通过图灵测试，那我们也只能拭目以待，看看这样一台超级智能机器的最终目标是什么。

费希尔（R. A. Fisher）的《自然选择的基因理论》对霍兰德影响至深，它用严谨细致的数学方法分析自然选择如何改变基因分布。

自然选择的基因理论

1964 年

遗传算法

遗传算法的思考起源

假设某个物种有 1000 个基因（与海藻基因数相当），每个基因含有两种信息，自然选择要经过多少次尝试才能发现使海藻发展到最强壮的那组基因搭配呢？

如果基因之间无关联，那是 2000 次；如果基因之间有关联，那尝试 2 的 1000 次方次，所花时间是宇宙大爆炸到现在的好多倍还不止。

它更像是一个模拟生态系统，其中所有的程序都可以相互竞争、相互交配，一代接一代地繁衍，一直朝着程序员设置的任何问题的解答方向不断演化。

4

机器"爱"学习

顾名思义,"机器学习"是研究如何教会机器像人一样学习,并让机器通过学习来掌握解决问题的能力。早在 2001 年我(本书第一作者)准备出国读研究生时,申请了很多与计算机和人工智能相关的专业,当第一次看到"机器学习"这个词时,脑中就浮现出这样的画面:一个机器人通过观察人类掌握了人类的本领。幸运的是,我被布里斯托大学的机器学习硕士专业录取并选择了这个专业,从而开始正式进入人工智能领域中这个最重要的分支。在过去的 20 年里,我见证了这一研究领域从默默无闻到举世瞩目的变化。

学习与搜索

纵观科学发展的过程,我们首先观察自然现象,然后用定量的观察数据来描述。为了解释数据背后的原理,科学家用数学语言,即公式或方程来拟合观察数据。如果提出的公式不但能很好地拟合过去的数据,还可以很好地预测未来将要发生的数据,那么这个公式或者方程则会成为公认的科学理论。同理,机器学习也是完全一样的过程:首先我们收集一些用于训练机器的数据,然后利用自己的经验来假设这些数据生成的规律或者分类的标准是由某一种类型的函数所定义的,我们的目标就是根据给定的数据来"训练"出这些函数的参数,这个过程就是机器"学习"的过程。一个典型的机器学习过程如图 4-1 所示。

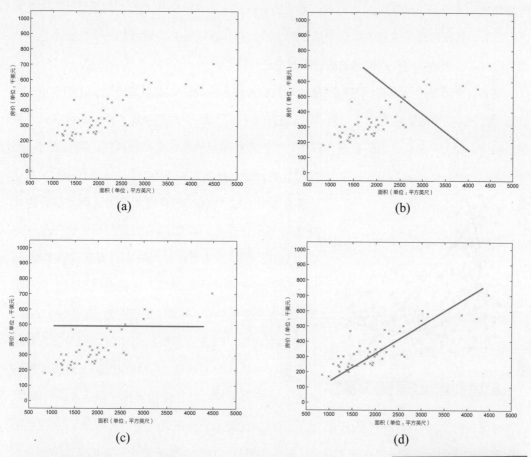

图 4-1 机器学习过程图示

线性拟合是指用一个线性函数通过调整参数来拟合给定的训练数据。图 4-1(a) 是给定的训练数据，图 4-1(b)、(c)、(d) 中考虑了用不同的线性方程来拟合给定数据，其中图 4-1(d) 中表示的参数是拟合最好的线性方程。

假设我们给定的一组数据是由平面坐标所定义的，我们想用一个函数来描述横坐标 x 与纵坐标 y 的关系，我们可以假设它们的关系是线性关系，用 $y=ax+b$ 来表示，我们要做的就是找到合适的 a 与 b 的值，从而确定一条最合适的曲线来拟合给定的数据。

所以从这个角度来讲，我们可以将机器学习的过程看成是给定模型下的参数调整。如果以图 4-1 中的例子来说明，由参数 a 和 b 构成了一个新的空间，这个空间中的每一个点 a' 和

b' 能构成一条直线 $y=a'x+b'$，所以我们需要的是在这个 a 和 b 所构成的"假设空间"中搜索出合适的参数来解释（或者说拟合）给定的训练数据。这就是机器学习的一个核心思想，机器学习可以看成是在由参数构成的假设空间中进行搜索。

还有一个重要但是没有回答的问题就是我们如何去假设什么类型的函数，比如给定一些数据（如图 4-2 中的彩色圆点），我们可以用直线（红色）、二次多项式（黑色）或者更复杂的多项式（绿色）来拟合这些数据，即找到红色圆点和蓝色圆点之间的边界。我们通过不断学习，找到的最好参数如图 4-2 中的 3 条线所示。在这个案例中，你会发现红色直线无论怎么调参数，也无法更好地描述边界。而绿色的曲线虽然可以完美地把数据分开，但是因为数据中大概率会夹杂着很多噪音，绿色的曲线把噪音也拟合了。这就类似于为了去一个期待已久的音乐会，你买了一副高保真、超清晰的耳机，的确你在现场可以把音乐听得很清楚，但是如果耳机太灵敏，音乐厅里的咳嗽声、翻东西甚至地板摩擦的声音你也听得一清二楚，反而干扰了你对音乐的欣赏，

图 4-2　欠拟合与过拟合的定性描述

这种情况叫做"过拟合"。相对应地，红色直线所代表的分类函数就是"欠拟合"，而黑色的二次多项式函数在两者之间找到了一个比较好的平衡。在实际的研究中，我们可以使用与训练数据不同但是分布相同的一组数据来验证并找到最好的分界函数，这组数据称为测试数据。

🔒 学习的类型

如果一定要将机器学习分几个大范畴的话，可以根据数据是否有标签大致分为监督学习、非监督学习和增强学习（还有一个小类别是半监督学习，这里暂且忽略）。监督学习的英文是 Supervised Learning，顾名思义，是指有一个"导师"为所有的数据提供一个标签。比如给定的一幅图像是小猫或是小狗；给定的一个手写数字是 0 或是 8；给定一段评论是肯定的

或是否定的；给定一张人脸是开心、悲伤或是愤怒的。这些标签都是通过人的经验和判断来给定的，我们来利用数据特征与标签的关联关系建立一个机器学习的数学模型来进行描述。

K-近邻是一种较为容易理解的监督学习算法。我们对于一个陌生数据标签（或类别）的判断，就取决于这个数据的 K 个"邻居"的标签，即用邻居中用得最多的标签作为新数据的标签。想象一下，假设一个班级的同学只喜欢两种运动，一种是足球，一种是篮球。如果想了解这个班级里的某位同学喜欢什么运动，要怎么猜测呢？我们可以选择这位同学最近的几位"邻居"，例如他的 5 个好朋友（此处 $K=5$），看这 5 个同学喜欢哪种运动的比较多。如果喜欢篮球的有 4 个人，那么大概率我们想要了解的这个同学也喜欢篮球。

那你是否能够估计这位同学的成绩呢？也可以使用 K-近邻方法，找到其最要好的 3 个朋友（此处 $K=3$），将他们 3 个人的成绩求平均值，我们就得到了对这位同学成绩的估计。虽然不能做到百分百准确，但一定比从 0~100 分之间取一个随机值要靠谱得多。

非监督学习则只有数据，没有标签，主要根据数据自身特点的相似性有"聚类"的特性，与物以类聚、人以群分同理。但是关于数据的相似性就大有学问了。非监督学习的一个经典应用就是概率密度估计，假设给定的一组数据是由某种分布生成的，要估计相应的参数，我们经常采用的是"极大似然估计"。

增强学习与监督学习和非监督学习都有差异。增强学习如同我们训练小狗一样，并不是直接给出正确或者错误的分类标签，而是对它的行为进行奖赏或者惩罚，让它通过接受不同的正负反馈来学到正确的行为。动物的后天学习能力很大程度上是通过这种方式来获得的。近些年随着深度学习的兴起，增强学习开始采用深度神经网络来作为效用函数评价，从环境中获得信息。在 AlphaGo 和很多 AI 游戏中，增强学习正在大放异彩！

从宏观上讲，机器学习必须要有数据和模型，而关于模型的假设则没有更科学的依据。不同年级的同学会的函数也不一样，随着知识的增长，他们掌握的函数种类也变得更多，从最简单的线性模型到复杂的非线性模型。但是任何人也不可能了解所有的函数。这样的话，是否存在一种能够逼近和替代一般函数模型的数学模型呢？那就是我们接下来要讨论的"神经网络"。

4.2 构建神经网络

在日常生活中，我们能看到花草树木，能听到蝉鸣鸟叫，能闻到十里稻花香，能尝到山珍海味，这些都是我们身上的各种感受器的功劳。除了感受器外，大脑在这个过程中也是功不可没的。我们的听觉、嗅觉、视觉和味觉等感受器所收集到的信息都将汇集到大脑进行处理。而大脑在处理这些信息的同时还能产生丰富的联想，例如一听到"夏天"这个词就能联想到挥汗如雨、蛙叫蝉鸣，闻到青草的芬芳时就能想到花鸟蝴蝶。

除此之外，我们的大脑还能够储存海量的信息，甚至可以对几十年前的小细节记忆犹新。大脑的功能如此强大，那么大脑究竟是怎样工作的呢？大脑实际上是由约 1000 亿个神经元和其他种类的细胞共同构成的复杂系统。这 1000 亿个神经元之间相互协作、相互交流，帮助我们应对生活中的各种情况，存储我们宝贵的记忆。在生活中，我们可能感觉大脑的运算速度还不如普通的计算器快。例如让你不用草稿纸计算"285×578"等于多少，你可能半天也得不出结果，而如果使用计算器，只需要几秒钟就能得到答案。因此我们时常盼望能够拥有计算机一样超快的计算能力。

事实上，我们并不需要羡慕计算机，我们的大脑能够做到很多普通计算机无法做到的事情。例如，我们只需要瞥一眼照片中的人，就能快速识别出这个人我们是不是认识。如果是，那么这个人的各种性格特征以及关于他的种种故事也会出现在我们的脑海中；如果不是，我们也能给出对这个人的第一印象描述。上面的过程对于人类来说可能在 1 秒钟之内就完成了，但是对于计算机而言则难于上青天。仅仅为了让计算机能够准确地识别出照片中的人脸和面部器官，科学家们就已经付出了多年的努力，若是想要计算机精确地识别出图片中的人姓甚名谁以及评价出这是一个什么样的人则更为困难。因此，有科学家设想，如果能够将人类的神经元和神经网络这样的结构应用于计算机领域，是否能够让计算机的"思维"方式更加接近人类？于是科学家们开始着手构建计算机的神经网络，由于这是人类设计的而非自然界中存在的，因此被称为"人工神经网络"。

相信大家对于"人工神经网络"这个词并不陌生。自从 AlphaGo 战胜李世石和柯洁两位人类围棋大师以来，这个词就频繁出现在各类新闻报道中。在刷脸支付、模式识别等人工智能成果的介绍中，我们都能看见诸如"BP 神经网络""卷积神经网络"这样的词汇。而对于这些词汇，新闻报道上往往只是一笔带过，并没有做过多的解释。在这里，作者希望能够用通俗的语言将人工智能领域最为核心的深度学习技术介绍给大家。

🔓 生物体中的神经元

在介绍人工神经网络之前，我们必须先简单介绍一下生物体中的神经元。生物体中的神经元结构如图 4-3 所示。

生物体中真实的神经元示意图，可能出乎大家的意料吧？一个神经元竟然具有如此复杂的结构。不过科学家不可能在算法中设计一个这样复杂的神经元，于是就有了图 4-3 下方这个神经元的简化模式。这个简化的神经元最重要的几个部分就是树突、细胞体、轴突。一个神经元往往有多个树突，这些树突能够接收上一个神经元细胞传递来的信号。细胞体在收集到这些信号之后进行一定的判断，决定做出何种反应（兴奋或抑制）。轴突只有一个，负责将这个细胞体决定输出的信号传送给下一个神经元的树突。这就是遍布于我们体内的神经元最简单的工作方式。

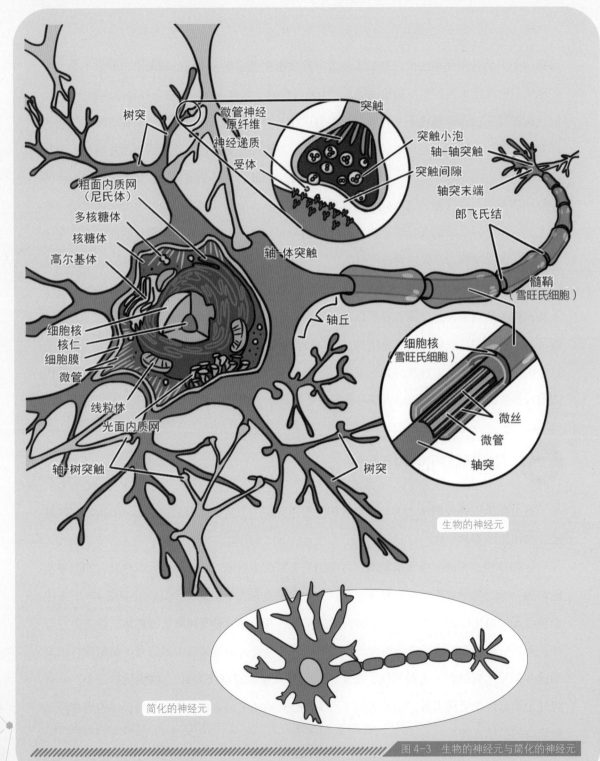

树突

微管神经原纤维
神经递质
受体

突触

突触小泡
轴-轴突触
突触间隙
轴突末端

粗面内质网
（尼氏体）
多核糖体
核糖体
高尔基体

轴-体突触

郎飞氏结

细胞核
核仁
细胞膜
微管

髓鞘
（雪旺氏细胞）

细胞核
（雪旺氏细胞）

轴丘

线粒体
光面内质网

轴-树突触

树突

微丝
微管
轴突

生物的神经元

简化的神经元

图 4-3　生物的神经元与简化的神经元

人工神经网络模型的形成

1943 年,心理学家沃伦·麦卡洛克（Warren McCulloch）和逻辑学家沃尔特·皮茨（Walter Pitts）提出了以他们的姓氏命名的 MP 模型。这一模型就是对上述神经元工作模式的一个概括,即神经元的输入包括兴奋型和抑制型,每个神经元都有多个输入但只有单个输出,神经元的输入和输出之间存在一定的时滞。

1949 年,心理学家唐纳德·赫布（Donald Hebb）提出了著名的赫布法则。赫布发现神经元之间的突触连接强度是可变的,这就意味着整个神经网络在传递信号时,神经元之间传递接收到的信号强度能够改变。赫布法则的提出对于人工神经网络的发展具有重大意义,这一思路为研究具有训练、学习功能的神经网络奠定了基础。

1957 年,心理学家弗兰克·罗森布拉特在康奈尔大学的学习过程中提出了感知器模型。这一模型综合了 MP 模型和神经元间传递信号的权值可变的赫布法则,在人工神经网络的研究上具有里程碑式的意义,感知器模型也被称为第一个真正意义上的神经网络。为了便于理解,在这里举一个单层感知器的例子,以帮助大家了解人工神经网络中激活函数、权值、训练等术语的含义,以及人工神经网络的基本工作原理。这些术语非常好理解,了解这些术语对之后理解深度神经网络有很大的帮助。

弗兰克·罗森布拉特
（Frank Rosenblatt）

罗森布拉特（1928—1971）,美国心理学家,1956 年获得康奈尔大学博士学位,后在康奈尔大学航空实验室工作。因其提出的感知器（Perceptron）是最早且结构最简单的人工神经网络模型,因此有时他被称为"深度学习之父"。

单层感知器模型的名字中虽然带有"单层"这个词，但实际上它分为两层，分别为输入层和输出层，如图 4-4 所示。

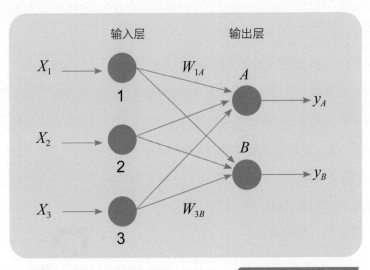

输入层　　　　输出层

图 4-4　单层感知器模型

假设输入层有 3 个神经元 1、2、3，输出层有 2 个神经元 A、B。输入层的 1、2、3 向输出层输出的信号分别为 X_1、X_2、X_3；由于输入层 3 个神经元向输出层神经元传递信号时信号的"重要程度"不同，因此有不同的权值，设由 1 向 A 传递的信号权值为 W_{1A}，由 2 向 A 传递的信号权值为 W_{2A}，由 3 向 A 传递的信号权值为 W_{3A}，那么 A 接收到 1 传递来的信号就是 $X_1 \times W_{1A}$，接收到 2 传递来的信号就是 $X_2 \times W_{2A}$，接收到 3 传递来的信号就是 $X_3 \times W_{3A}$。对于输出层的 A 来说，这个神经元是否被"激活"取决于一个激活函数，在这里为了简化，我们就假设这个激活函数 $A(X)$ 为神经元 1、2、3 传来的信号之和：

$$A(X) = X_1 \times W_{1A} + X_2 \times W_{2A} + X_3 \times W_{3A}$$

大家千万不要被上面这段的符号吓到，在这里只有最简单的加减法和乘法，而且已经非常接近感知器模型的工作原理了，只要带上具体数字，就很容易理解了。

假如，神经元 1 向 A 传递的信号为（$X_1=1$），但这个信号非常"重要"，因此给它一个比较高的权重 3。神经元 2 向 A 传递的信号为（$X_2=2$），但是这个信号"不太重要"，因此给它的权重为 0.5。神经元 3 向 A 传递的信号为（$X_3=1$），但这个信号起着"拖后腿"的作用，因此给它的权重为 -3。那么 A 的计算结果就是 $1\times 3+2\times 0.5+1\times(-3)=1$。这个结果大于 0，$A$ 被激活，输出 1 这个信号用于后续计算。

输出层 B 节点的信号处理过程与 A 节点类似。在这里我们看到了一个人工神经元是怎么处理信号的，其实这一过程并不复杂。但是就和我们身体中的神经元一样，尽管每个神经元的信号处理过程都不算复杂，但是亿万个神经元一起构成的网络却是一个功能极其复杂的系统，如图 4-5 所示，能够帮助我们应对生活中多种多样的问题。科学家建造的人工神经网络也是如此。

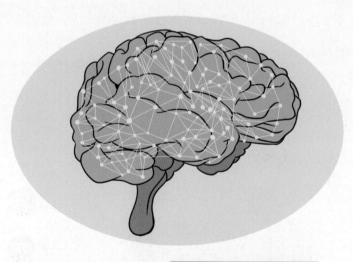

图 4-5　大脑中复杂的神经网络

在例 7 中，我们看到的是只有输入层和输出层的单层感知器模型。这一模型可以说是最简单的人工神经网络的模型，但这一模型的提出对于模式分类有着重要的意义。人类能够非常轻松地分辨红色、蓝色等颜色，但对于计算机来说，这些颜色实际上都是一些数据（例如RGB 参数），那么用感知器模型，就可以实现对于这些数据的分类，从而让计算机也能够将不同颜色区别开来。对于可以简单线性分类的问题上，单层感知器模型都可以较好地解决，从而罗森布拉特在提出感知器模型后对此模型的应用前景非常乐观。但在 1969 年，我们前面提到的人工智能之父之——马文·明斯基撰写了一本关于感知器模型的书籍。在书中，明斯基指出了这个模型的两个重大缺陷。感知器模型不能解决不可线性分割的问题。另外，感知器工作时需要巨大的计算量，这在没有超级计算机的当时也是一件十分棘手的问题。罗森布拉特也曾经在最初的感知器模型基础之上提出过包含隐藏层的感知器模型，但由于罗森布拉特在 43 岁生日时不幸意外去世，所以没有见证这一模型和人工神经网络的发展壮大。

后面的神经网络有了两个主要的改进。一是可以加更多的隐藏层，从图 4-6 中我们可以看出，隐藏层实际上就是在输入层和输出层之间增加了几层神经元。千万不要小看这几层神经元，在引入隐藏层后，人工神经网络能够处理很多单层神经网络不能处理的复杂问题。第二个改进是每一个节点的激活由一个"激活函数"来控制，这个激活函数一般采用非线性函数，这样也增加了神经网格处理复杂非线性问题的能力。

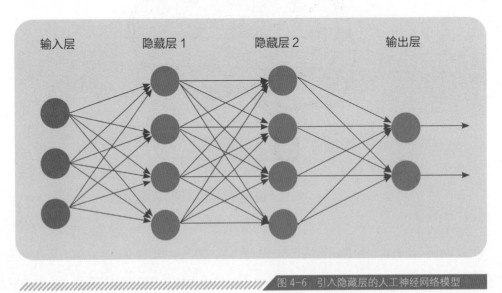

图 4-6 引入隐藏层的人工神经网络模型

神经网络的学习能力

关于神经网络的学习能力，我们来用人类的学习做一个形象的比喻。我们平时有几种学习方式呢？在这里我们将其大体分为以下三种。

第一种是死记硬背式。我们会强行记住每个知识点，但如果知识发生一些变化，我们可能就无法应对这样的变化。这就类似于神经网络中权值不可变的一类模型，这种神经网络模型也基本上没有什么学习能力。

第二种就是自学。例如，我们并没有学过怎样鉴定植物，但是我们去森林中尝试鉴定，最初我们会把所有绿色有叶子的归为一类，但是随着看到的植物增多（信息量增大），我们开始把植物按照大小分为高的和矮的；再随着看到植物数量的进一步增多，我们发现可以将植物分为草本和木本的。随着信息源源不断地涌入我们的大脑，我们可能自己再创建一个新的规则将这些植物细分。这在神经网络中就体现为权值调整并不取决于一个确切的信号指导，而是取决于这个神经网络自身总结的一些规则。

最后一种就是在老师的指导下学习。这种学习过程中，我们有一个非常确切的"教师信号"，在给了特定的输入信号之后，教师能够告诉我们正确答案，即输出结果。我们根据这个输入和输出，去不断调整自己的思路，在形成正确的解题思路之后，在面对新题目我们也能用正确的算法做出正确的答案。专业上我们则称这样的学习方式为监督学习。神经网络会将实际输出与期望输出作比较，并不断调整权值，减小二者之间的差距。

🔓 反向传播算法

我们前面所说的神经网络在神经网络领域称为前向神经网络。前向神经网络的特点就是整个神经网络可以清晰地分成多个"层"，信号传递按照层的顺序依次进行。例如第 7 层的神经元只能接受第 6 层神经元的信号输入，且第 7 层的信号只能传递到第 8 层，可以说信号是"有去无回"。这种神经网络由于没有反馈，结构较为简单，也较易于实现。

1986 年，大卫·鲁姆哈特（David Rumelhart）和詹姆斯·麦克兰德（James McClelland）在他们发表的书中提出了一种多层神经网络权值修正的反向传播学习算法——BP 算法（Error Back-Propagation）。这种算法中的神经元能够对上一层神经元的权值做出反馈调整，从而实现自身的训练。这一算法解决了权值的调整问题，证明了多层神经网络有很强的学习能力。因此，在实际应用中，大多数神经网络模型都是用 BP 算法来调整网络参数的。

BP 神经网络具备了我们上面所说的"教师指导"情况下的学习能力。我们可以通过一个例子来理解其学习过程。假如我们设计了一个 BP 神经网络用来识别图像中的动物名称。我们在将带有动物的图片信号输入后，BP 神经网络经过一系列复杂的运算输出一个结果，告诉我们图片是猴子的概率是 96%，是狮子的概率是 58%，于是判断图片是一只猴子，如果真实图片是一只狮子的话，那么最理想的结果应该是"0% 的概率是猴子""100% 的概率是狮子"。所以我们设计的这个神经网络判断成猴子的概率太高了，而判断成狮子的概率偏低。这个网络是不够好的，在知道预期计算结果与真实结果的差距后，BP 神经网络开始进行权值调整。位于最后一层的神经元向前一层进行反馈，调整这两层间的权值，而前一层神经元在收到反馈后也会对更前一级的神经元进行反馈，从而实现整个神经网络的权值调整。在调整完毕后，这个神经网络对于这张图片的判断为"11% 的概率是猴子，89% 的概率是狮子"，于是结论为"图片是一只狮子"。这一结果显然比最初的结果要更准确。于是我们再输入下一张图片，用同样的方式让 BP 神经网络进行这一训练，在观看了成千上万的图片，进行成千上万次的权值调整之后，神经网络基本就能够识别出图片中的动物了。当然在经过上万次训练之后，神经网络依旧无法做到对图片中的动物 100% 的正确识别，但在识别效果达到某一个预期值之后，我们就能基本认定训练完毕。当然，实际的训练过程需要涉及多种数学公式，在这里我们只是通过这种形象的说法让大家简单地理解 BP 神经网络的工作原理。根据给定已知训练数据，不断调节权值的过程，就是一个"机器自动学习"的过程。

BP 神经网络具有强大的学习能力，能够不断学习，以提升模式识别的准确率，从而在语音识别、图像识别等模式识别领域以及其他领域有广泛应用。例如现在，我们不用再担心朋友们问我们："那朵花是什么花呀？"一些用于识别植物的手机 App 已非常流行，只要用手机拍下不认识的植物并且上传，我们就能得到例如"这种植物是大叶杨的可能性为 98%，是红杨的可能性为 20%"的结果。而一些 App 所上传的图片还将经过植物学专家的鉴定，从而对 App 的性能做出调整，优化 App 背后的神经网络。且随着用户的使用和反馈，具有 BP 神经网络的系统能够变得越来越优秀。在语音识别领域也是如此，在一次次的使用过程中，BP 神经网络能够更准确地识别出用户的语音，从而更好地为用户提供服务。目前被一致看好、具有强大模式识别功能的卷积神经网络也是利用 BP 算法进行学习的，因此我们在科技类的文章中经常看见 BP 算法这一名字也就不足为奇了。

🔓 "中文健身房"理论

对于人工神经网络能否让人工智能具备思维，科学家们有着不同的观点。一方面，有些科学家认为，按照人类神经元的连接和运行方式来设计的算法与传统算法是有着本质区别的。

虽然神经网络的学习过程往往是处于一种"黑箱状态"，在这些科学家看来，计算机在人工神经网络的帮助下不断优化和学习，终究也能够具有类似人类的思维。也有一部分科学家对这种看法表示反对，例如在我们第 3 章里说到的提出"中文房子"理论的科学家塞尔，他在面对人工神经网络时又提出类似的"中文健身房"理论（可能在塞尔看来中文非常难吧）。

这一次，塞尔提出一个挤满了人的健身房模型。在这个健身房中，所有的人都不懂中文，但是我们提前告诉他们一些规则，让他们每个人充当一个神经元，来模拟神经网络的工作过程。这样他们能就够按照这种固定的规则去处理输入的中文数据，并且输出中文的答案，甚至能够在知道结果不正确的情况下优化这些规则。尽管能够给出近乎完美的答案，但是这些人依旧不懂中文，他们只是在遵循规则而已。塞尔以此为依据认为神经网络不足以让人工智能具备自己的思维。另一些反对者也认为人工神经网络的学习是为了更好地执行某一项特定的任务，因此也不会让人工智能具有思维意识。而事实上，我们人类神经网络中的神经元也并不具有自己的思维，只是按照自身的规则处理神经信号，但是由亿万个神经元构成的我们却拥有自己的思维。因此对于人工神经网络能否赋予人工智能以思维，人们依旧存在着争论。对此，我们期待着新的科研结果的诞生。

学习是我们每个人都要经历的体验。为了应对中考、高考，我们要学习语、数、英、政、史、地、理、化、生等课程。好不容易在高考中考进了心仪的大学，却还是要面对各种课程的期末考试。对于"学霸"和"学神"们来说，这并不是一件难事，看看书就能轻轻松松拿到 100 分。而对于"学渣"们来说，学习这个词无疑是和痛苦联系在一起的。在临近期末考试之时的大学宿舍里，挑灯夜战、临时抱佛脚已成为常态，只为了能够在期末考试中拿到 60 分的合格分。而事实上，学习这个过程不仅仅局限于课堂中，在我们呱呱坠地时，学习的过程就已经开始了。从牙牙学语，到说着一口流利的中文，再到能说一口流利的外语，这就是我们在语言方面的学习和成长。从看见一棵大树而不知道是什么，到能够认出生活中的各种物体，再到能够欣赏艺术大家的作品，这就是我们在视觉方面的学习和成长。还有前面章节中提到的抓握能力，我们也是在千万次抓握和学习中能够精确地控制抓握的力度，在碰见没有见过的物体时也能在瞬间就施展出合适的力度抓住它。

除了人类需要学习，我们也希望我们制造出的计算机和机器人具备学习能力，这种学习能力能够让它们不断完善自身的功能，这样它们才不容易被淘汰，能够更好地服务于人类。由此看来，如此聪明的人工智能都要学习，那么我们还有什么理由不好好学习？

在 4.2 节中，我们提到了人工神经网络就具有学习功能，是典型的监督学习算法。但对于多层神经网络的训练十分复杂，因此在实际应用上还是以只含一层隐藏层的感知器模型为

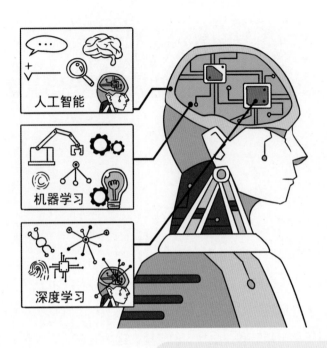

主。科学家们将这种相对较低的学习能力称为"浅层学习"。

在 2010 年之后，杰弗里·辛顿等人陆续发表了一系列深层神经网络的论文，发现具有多层隐藏层的神经网络模型具有很强的学习能力，同时针对具有多层隐藏层的神经网络训练困难的问题提出了逐层训练的解决方法。随着更多学者对于这个方向的关注，更多的新成果被发表，并使人工智能算法在很多应用领域的性能提高了几个量级，也逐渐演化成了 AI 领域目前最火的研究领域——深度学习。

杰弗里·辛顿（Geoffrey Hinton）

辛顿（1947—），英国逻辑学家乔治·布尔的曾曾孙，在英国出生的加拿大计算机科学家和心理学家，剑桥大学心理学学士、爱丁堡大学人工智能博士，盖茨比计算神经科学中心的创始人，2013 年加入谷歌任副总裁兼工程研究员，目前担任多伦多大学计算机科学系教授。他以在类神经网络方面的贡献闻名，是反向传播算法和对比散度算法的发明人之一，也是深度学习的积极推动者，被誉为"深度学习之父"。2018 年，辛顿因在深度学习方面的贡献与约书亚·本希奥（Yoshua Bengio）和杨立昆（Yann LeCun）一同被授予图灵奖。

什么是卷积神经网络

如果要说深度学习，"卷积神经网络"（Convolutional Neural Network，CNN）是一个不得不提的模型。可能大家在阅读人工智能相关新闻的时候会经常看见这个词。卷积神经网络因其突出的深度学习能力和应用性能，被广泛应用于众多领域。

卷积神经网络最早出现于 20 世纪 80 年代。当时的一位日本学者受到动物视觉表皮细胞研究结果的启发，提出了神经认知机（Neocognitron）模型，可以说是卷积神经网络的前身。之后，辛顿的学生杨立昆（Yann LeCun）和他的同事们一起提出了现代卷积神经网络的结构。由于卷积神经网络的设计灵感来源于对动物视觉表皮细胞的研究，因此这一神经网络非常适合应用于图像识别领域。

像卷积神经网络这样"高大上"的理论，我们普通人是否也能了解一二呢？接下来我们将用通俗的方式介绍卷积神经网络是如何识别图 4-7 中的 X 和 O 字符的，让大家大致理解神秘的卷积神经网络究竟是什么。

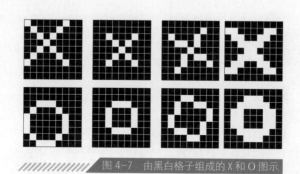

图 4-7　由黑白格子组成的 X 和 O 图示

看到图 4-7 中的字符，我们人类轻而易举就能识别出前四张是 X，后四张是 O，但在计算机看来，经旋转和加粗之后的 X 和 O 就很难识别了。虽然在我们眼中这些黑与白的图形非常显眼，但是计算机并不能看到黑白相间的图像，它所看到的只是密布数字的矩阵，1 表示这个像素点是纯白的，−1 表示这个像素点是纯黑的。这种充满数字的矩阵就是计算机用来判断图片中是 X 还是 O 的基础。图形的加粗或者旋转都表现为矩阵中数字的变化。

我们来设身处地地想一下，你能判断图 4-8 中两个数字矩阵所表示的是否为同一种图形吗？估计在你判断出来之前就已经看得眼花了吧？同理，让计算机从这两个矩阵入手来判断图形，其实也是一件非常困难的事情。对此，卷积神经网络提供了十分巧妙的解决方案。

$$
\begin{bmatrix}
-1 & -1 & -1 & -1 & -1 & -1 & -1 & -1 & -1 \\
-1 & 1 & -1 & -1 & -1 & -1 & -1 & 1 & -1 \\
-1 & -1 & 1 & -1 & -1 & -1 & 1 & -1 & -1 \\
-1 & -1 & -1 & 1 & -1 & 1 & -1 & -1 & -1 \\
-1 & -1 & -1 & -1 & 1 & -1 & -1 & -1 & -1 \\
-1 & -1 & -1 & 1 & -1 & 1 & -1 & -1 & -1 \\
-1 & -1 & 1 & -1 & -1 & -1 & 1 & -1 & -1 \\
-1 & 1 & -1 & -1 & -1 & -1 & -1 & 1 & -1 \\
-1 & -1 & -1 & -1 & -1 & -1 & -1 & -1 & -1
\end{bmatrix}
\begin{bmatrix}
-1 & -1 & -1 & -1 & -1 & -1 & -1 & -1 & -1 \\
-1 & -1 & -1 & -1 & -1 & -1 & 1 & -1 & -1 \\
-1 & -1 & -1 & -1 & -1 & 1 & -1 & -1 & -1 \\
-1 & -1 & -1 & -1 & 1 & -1 & -1 & -1 & -1 \\
-1 & -1 & -1 & 1 & -1 & -1 & -1 & -1 & -1 \\
-1 & -1 & 1 & -1 & -1 & -1 & -1 & -1 & -1 \\
-1 & 1 & -1 & -1 & -1 & -1 & -1 & -1 & -1 \\
-1 & -1 & -1 & -1 & -1 & -1 & -1 & -1 & -1 \\
-1 & -1 & -1 & -1 & -1 & -1 & -1 & -1 & -1
\end{bmatrix}
$$

图 4-8　表示黑白图像的数字矩阵

既然从整体上看，满眼都是类似的数字，看得人眼花缭乱，那么我们尝试从更小的局部来入手分析。构成 X 字符的模块主要可以分为图 4-9 中的三个类型。

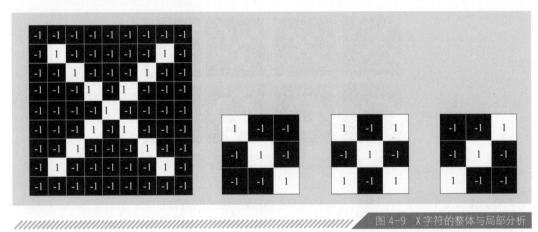

图 4-9　X 字符的整体与局部分析

这三个类型分别是一个交叉的中心，从左到右的对角线和从右到左的对角线。而这些 3×3 的特征模块又称为卷积核。有了这些构成 X 的卷积核，我们就可以开始进行卷积了。卷积的具体过程涉及一些计算内容，这里不过多描述，但其基本的操作过程是将对应数据计算乘积，再把卷积区域内的所有乘积加在一起，得到的就是卷积后的值。经过卷积之后，就能得到一个与卷积核特征相同的矩阵。例如，我们以从左上至右下的斜对角卷积核进行卷积，得到的结果也呈现这种较大的数字从左上至右下斜对角排列的趋势，如图 4-10（a）中的 7×7 矩阵所示。

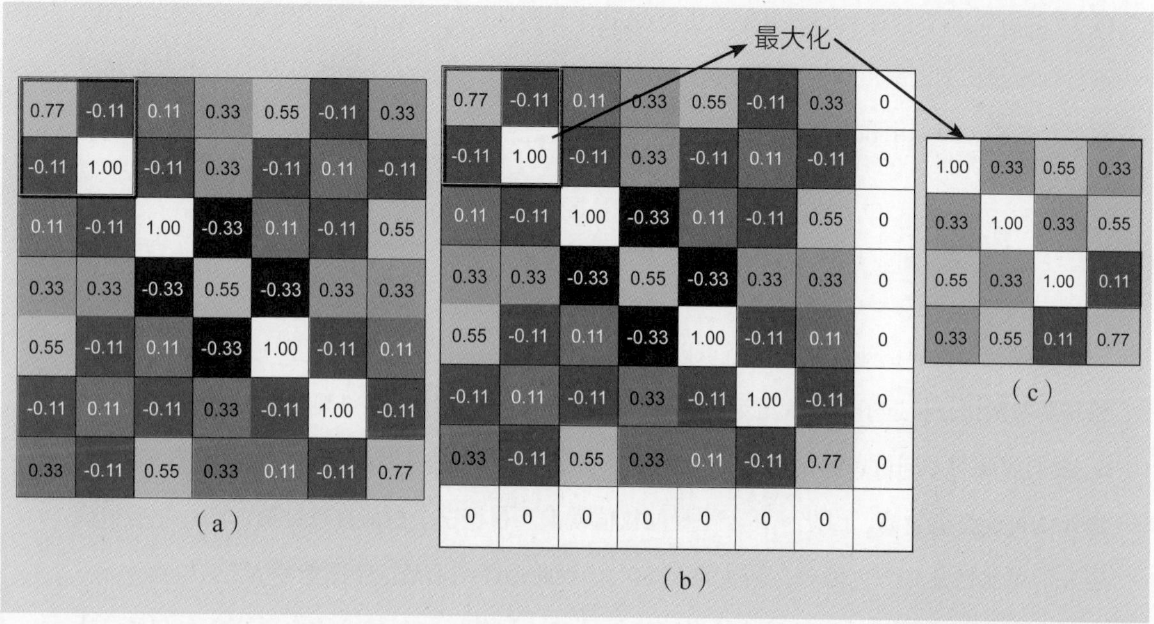

图 4-10　矩阵的汇聚

汇聚（pooling）：对所有的卷积核都做类似的卷积，就能得到一个卷积层（convolution layer）。实际上，卷积层所得到的数字矩阵是比较庞大的，仍旧不便于分析，因此需要进行下一步处理——汇聚，也称为池化。汇聚能够将复杂的矩阵变得相对简单，从而降低运算的复杂程度。我们先设定一些固定大小的方框，例如 2×2 的方框，以此对原矩阵进行简化，选出每个方框中最大的数字作为新矩阵中的数字。因为 7 不能整除 2，我们可以补上一行 0，使原矩阵变成 8×8 的矩阵，如图 4-10（b）所示，把每个 2×2 矩阵中的最大值选出来，原矩阵就变成 4×4 的矩阵了，且数字整体上的分布趋势与原矩阵相同，如图 4-10（c）所示。汇聚除了能够将矩阵缩小外，还有十分重要的一点，即它是对 2×2 或 3×3 区域内的数字取最大值，这就意味着最大值的位置不需要非常准确地出现在某一格，只需出现在某一区域即可。这就使得卷积神经网络能够很好地识别旋转和略有变形的图形。

在数据处理的过程中，有时还要对数据进行一些归一化处理，例如 ReLU（将所有负值转化为 0，正值不变）。经过卷积、归一化、汇聚的一系列过程，我们得到了图 4-10（c）中的 4×4 矩阵。但要快速判断图像为 X 还是 O，这个矩阵还是过于复杂。可以重复进行这一过程，进行多次卷积和汇聚，这样就能得到更为简单的矩阵了。下面 3 个矩阵就是对 3 个卷积核重复进行卷积、归一化和汇聚过程后得出的简单矩阵。

$$\begin{bmatrix} 1 & 0.55 \\ 0.55 & 1 \end{bmatrix} \quad \begin{bmatrix} 1 & 0.55 \\ 0.55 & 0.55 \end{bmatrix} \quad \begin{bmatrix} 0.55 & 1 \\ 1 & 0.55 \end{bmatrix}$$

得到这样简单的矩阵之后，就可以进行最后的判断过程了。这个过程就和 4.2 节所说的感知器模型比较接近了，在这里为了简化，就不再增加隐藏层。想要判断一个图形是 X 还是 O，我们需要对不同位置的数字赋予一个权值。例如图 4-11 中所标出的几个位置的数字越大，是 X 的可能性就越高，因此这几个位置的权值就大。根据这个权值进行计算，归一化后得到是 X 的可能性是 92%，是 O 的可能性是 80%，因此最终结论是这个图像是 X。

在这里我们可以看出，虽然给出的结果是 X，但判断为 O 的可能性还是高达 51%。所以我们希望这个神经网络能通过学习来调整这些权值。对于权值的调整，采用的是 4.2 节中所说的 BP 算法的权值调整方式。这个神经网络能够判断自己的分析结果（X 的可能性是 92%，O 的可能性是 80%）与期望结果（X 的可能性是 100%，O 的可能性是 0%）之间的误差，从而不断调整权值，使最终判断结果接近期望结果。再经过对大量的图片进行识别训练，实现深度学习。

从卷积神经网络处理图像的过程中我们可以看出，卷积神经网络的处理过程包含着大量对于一个小区域（2×2 或 3×3 矩阵）的数据处理，因此某一个或几个数值的变化对于整体判断的影响不大，从而使其在处理变形、旋转或光亮变化的图像时具有更好的性能。例如我们常说的刷脸支付，我们的脸每次出现在镜头前的角度以及光线可能都会有所差异，另外爱

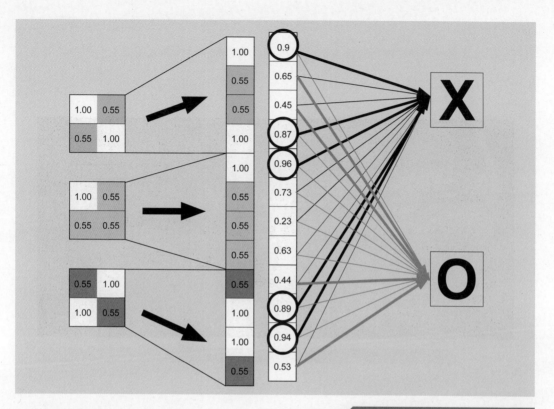

图 4-11　对不同位置的数字赋予权值

化妆的人们可能也会担忧，刷脸支付的时候是不是还要把妆卸了呢？因此，这就需要软件能够克服这些因素的干扰，这样卷积神经网络就能够很好地胜任这项任务。另外，通过汇聚这个处理过程我们也能看出，卷积神经网络能够在一定程度上降低数据处理的复杂性，从而加快运算速度，因此在众多模式识别领域均有应用。

但卷积神经网络也存在一定的困难，例如在数据处理过程中卷积核大小、汇聚层窗口大小的选择，以及处理过程中所涉及的函数选择，都十分复杂，需要依赖大量的实践经验。同时，在对卷积神经网络进行训练时，也需要大量的训练样本，可能需要上万甚至上百万份样本的训练，因此这种对大量样本的需求也在一定程度上制约了卷积神经网络的应用。

如果对卷积神经网络感兴趣，读者还可以去一个叫 3D Visualization of Convolucational

Neural Network 的网站上尝试了解卷积神经网络的工作原理，这个网站如图 4-12 所示，通过可视化的方式将卷积神经网络对图像的处理过程显示出来，让你能亲眼看见卷积神经网络的工作过程。

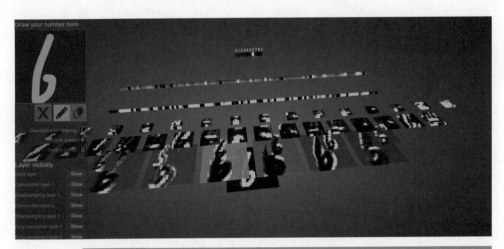

图 4-12　3D Visualization of Convolucational Neural Network 网站，卷积神经网络可视化

 ## 卷积神经网络的应用

　　尽管存在一些缺陷，卷积神经网络还是以其优秀的性能在各领域中都取得了十分广泛的应用。例如谷歌的科学家们利用卷积神经网络，让计算机"欣赏"了上亿份图像，并且对图像上的所有物品进行标记，供计算机在"监督信号"指导下学习。在经过这样的深度学习之后，谷歌这台用于图像识别的计算机能够较为准确地识别出新图片中的各种动植物及日常用品。这对于让计算机了解我们人类世界有重要的意义，例如在未来家用机器人普及后，家用机器人能够识别出日常生活的物品，这能够确保当我们需要勺子时，机器人不会给我们递过来一副刀叉。在自动驾驶方面也是如此，自动驾驶汽车的摄像头能够识别出路面上出现的究竟是一个软软的塑料袋、一根枯树枝，还是一只横穿马路的小猫，从而决定是直接轧过去还是避让。

在手写字符识别方面，卷积神经网络也非常适用，毕竟不是每个人都能写得一手标准正楷的，每个人的笔迹都不尽相同。手写的字符出现粗细不一、倾斜角度不同以及宽窄、高矮的变形是非常普遍的事情，而卷积神经网络能够有效地消除这种干扰，准确地识别出字符，从而在手写输入以及对其他扫描文稿的文字识别方面提供了极大的便利。

另外，卷积神经网络还能够称霸游戏界，在经过深度学习之后，计算机在玩游戏方面可能已经超越了绝大多数人类。在俄罗斯方块、小鸟快飞（Flappy Bird）、弹球游戏和飞机游戏等游戏中，计算机能够轻松打破人类的记录。不过虽然计算机能够玩得很好，但计算机是无法体会到玩游戏的乐趣的，毕竟它们只是在执行某个算法而已。

除此之外，卷积神经网络在资源调度方面也有应用，例如现在已走向世界的共享单车。虽然听起来共享单车与卷积神经网络之间没有任何关系，但是在共享单车的调度分配方面，卷积神经网络能够发挥重要作用。请看图 4-13 的共享单车需求图，你是否能联想到共享单车和卷积神经网络之间的关系？

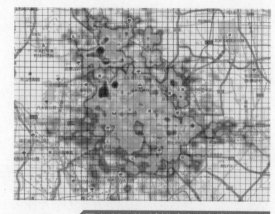

//////////// 图 4-13　某时刻北京市共享单车需求图

通过颜色的深浅将共享单车的需求量在地图上反映出来，这些不同颜色的色块便可与卷积神经网络相结合，从而实现对各地区的单车需求量进行分析和预测。同时，我们还可以利用大量的数据资料对这个神经网络进行训练，让它给出更加准确的需求预测，给出更加合理的调配方案。将调配系统与实时数据相结合能够更好地实现共享单车的实时调配，满足不同区域用户的需求，既使得用户的出行更加方便，也使得公司能够用利用最少的资源实现最大的收益。这样的系统也可以应用在生活中的其他方面，对人们各种各样的行为和需求做出预测。

卷积神经网络给我们的生活带来了极大的便利，而科学家们依旧在对卷积神经网络模型进行改进，相信随着这些神经网络模型的优化，我们的生活也将得到更大的改善。

　　自从 1997 年 IBM 的超级计算机"深蓝"战胜国际象棋大师卡斯帕罗夫之后，在国际象棋领域人类再也没有战胜过人工智能。人类在国际象棋领域彻底失守之后，棋局更加错综复杂的围棋就成为了人类所守护的"最后净土"。但在 2016 年，这一"净土"也受到了人工智能的挑战。2016 年 3 月，一场备受关注的围棋大战在谷歌的人工智能 AlphaGo 和当时的围棋世界冠军李世石之间激烈展开，最终 AlphaGo 以 4:1 的分数战胜了李世石，舆论一片哗然，诸如"人工智能将彻底碾压人类""未来人类将被人工智能统治"之类的新闻标题充斥着屏幕。然而就在对 AlphaGo 的讨论还未消退之时，围

棋界又一位神秘人物 Master（大师）在棋类对战平台上与中日韩数十位高手进行了对决，连战 60 场无一败绩（包括一场对手掉线而被判和局，因此也被认为是 60 连胜）。甚至有人提出奖励给第一个战胜 Master 的棋手 10 万元赏金，但这一次重赏之下却没有勇夫出现。究竟这个神秘人物是谁，竟然有如此实力横扫围棋界？就在围棋界为此大感疑惑

之时，Master 发出了声明，自己就是 AlphaGo 的升级版。这一真实身份的公布再一次将人工智能这一概念推到了公众的视线前，以至于在 AlphaGo 和柯洁的乌镇对决之前，李开复就预言道："这场比赛的胜负毫无悬念。"虽然从情感上来说，不少人不相信人类无法守护这一片"净土"，但在 AlphaGo 以 3:0 完胜柯洁的结果面前，除了能听到人们的惊叹声外，还能听到一部分人发出的恐惧之音。那么，AlphaGo 究竟强大在何处，让它能够在围棋这种变幻莫测的竞技游戏中获得碾压式的胜利呢？

🔓 AlphaGo 的秘密武器

围棋的棋盘横纵各 19 行，有 361 个落子位置。每个位置可对应的状态有 3 种（黑子、白子、无子），如果用穷举法来列举出所有的棋局，那么总共有 3 的 361 次方种可能性。这个数字实在是过于庞大，科学家认为宇宙中几乎所有原子的总和也仅仅是 100 次方以内的数量级，因此围棋棋局的变幻莫测是无法用穷举法来模拟的。因此，对于人类棋手来说，策略固然重要，但更为重要的是下棋时的"棋感"，这种"棋感"能够让棋手对棋局有一个整体的把握。在下刚开局的几个子的时候，棋手往往就已经对全局有了一个大体的"战略布局"，知道后面棋局的大体趋势，以及应该用什么样的方法来取胜。而"棋感"这种东西对于计算机来说有点太过玄虚，很难用程序和算法来表达，但计算机有它的优势，就是快速运算能力和过目不忘的记忆力。AlphaGo 创新地提出用两个神经网络和一个蒙特卡洛树算法来完成在下棋时的决策。

AlphaGo 中的一个神经网络被称为策略网络（Policy Network），这个网络通过卷积神经网络提取棋局的全局特征，并利用大量人类棋手的图谱来进行训练，实现深度学习。在通过不断的监督学习之后，这一策略网络能够较准确地预测出人类下棋的"倾向性"，这一倾向性就表现为 AlphaGo 能够较准确地判断出对手下一步落子的位置。这样，在分析棋局时，AlphaGo 就不需要分析 3 的 361 次方种可能性了，只需要对落子可能性高的几种情况进行分析即可，大大减轻了分析所需的时间和运算量，使得对围棋棋局的分析成为可能。在不断的

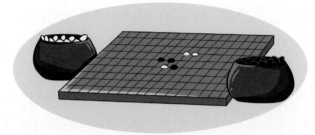

对弈和练习过程中，卷积神经网络能够不断调节权值，进行学习，使得预测准确度进一步提升。在棋类游戏中，能够预判出对手的下一步行动是十分关键的，人类优秀的棋手往往能够预判出对手接下来要下的 1 步棋以及 2 步棋，甚至更多。通过策略网络，AlphaGo 能够预判对手的后 3 步棋，并且能够分析出在出现这 3 步时，自己应该如何落子，这使得 AlphaGo 的"棋感"达到了职业选手的水平。

但策略网络也有其不足之处，那就是尽管运算量已经大大减少了，但是要分析的数据量依旧庞大，因此这一网络的运算速度相对较慢。按照围棋比赛的规则，一场比赛需要在一天之内完成，不可能让 AlphaGo 每一步都思考上十天半个月，因此 AlphaGo 的走棋速度也是一个需要解决的问题。对此，AlphaGo 的策略网络中还有一个被称为快速走棋策略（Rollout Policy）的模块，这一模块主要采用传统的局部特征提取以及线性回归的方法。这种方法被广泛应用于网站的广告推荐以及新闻排序方面。我们在生活中可以感受到，各个网站上的推荐广告与我们的兴趣有一定的符合度，但可能并不十分精确。但是这种运算方法的运算速度相对较快，可以说是牺牲准确度来换取速度。AlphaGo 的快速走棋模块的运行速度比策略网络模块快 1000 倍。在实际走棋时，AlphaGo 会在准确度和速度之间权衡，从而做出既快速又相对准确的预测。策略网络是 AlphaGo 下棋时最为关键的部分，这个网络能够从 KGS 围棋服务器中学习到人类职业棋手的下棋方式，从而按此来分析自己应该在哪里落子。在仅模仿人类的下棋策略而不分析每一步胜利的可能性前提下（即只靠策略网络），AlphaGo 的棋艺就可达到业余选手中的最高水平。

除了策略网络之外，AlphaGo 中还有另一个被称为价值网络（Value Network）的神经网络。这就是我们前面所说的两个神经网络中的另一个。这一网络会分析 AlphaGo 在某一个位置落子时的胜率。AlphaGo 的价值网络对 3000 万局自我对局的结果进行分析，根据每一局的最终结果向前推演，推演出落下每一个子时对应的胜率。这就形成了由策略网络来判断在哪几个位置落子，而由价值网络分别判断出在这几个位置落子时最终胜利的可能性的下棋体系。在这两个神经网络的帮助下，AlphaGo 已经具备了相当的实力，能够和一般的职业棋手进行对局。

而除了这两个神经网络之外，AlphaGo 还有一个重要的工具——蒙特卡洛树。蒙特卡洛树不能算是一个单独的模块，而是贯穿于 AlphaGo 的整个走棋过程中。蒙特卡洛树是一种非常经典的算法，包括四个过程：选择、扩展、模拟、反向传播，如图 4-14 所示。我们结合围棋这一项目来介绍一下蒙特卡洛树算法。

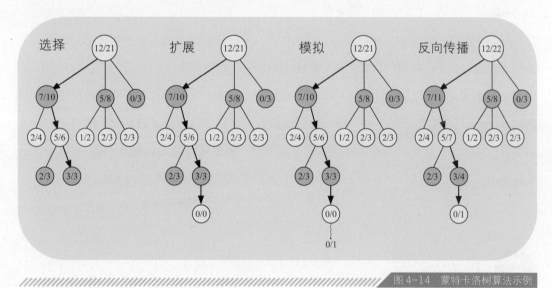

图 4-14　蒙特卡洛树算法示例

选择这一过程即是在棋盘上选择一个落子点，这一步往往是由策略网络来做出选择的。选择一个落子点之后，便以此作为第一步，开始推演后面的步骤，这一过程便是扩展。在扩展时，AlphaGo 会模拟走这一步之后的棋局情况。当然，AlphaGo 不会模拟所有可能的结果，而是参考策略网络给出的落子概率来进行扩展，并一直模拟运行到游戏终止，这一模拟运行的结果将通过反向传播来对于当前行动做出反馈，从而给出这一步落子的胜率估计。形象地说，蒙特卡洛树是一根将策略网络、快速走棋模块、价值网络串联在一起的线。

🔓 "棋感"与记忆力

与人类相比，AlphaGo 的优势究竟在何处呢？

人类棋手如果想提升自己的棋艺，最好的方法就是通过不断对弈来建立更好的棋感，那么人类棋手一生能够对弈多少局棋呢？一个棋手即使再努力，其一生所下的棋局也不过几万局。而 AlphaGo 凭借其快速运算的能力，能够模拟对决上千万局棋。相信一个完全不懂得下棋的人在经过如此大量的训练之后，也能够在围棋方面有很深的造诣。因此通过这样的训练，AlphaGo 的"棋感"已经达到了专业棋手的水平。

更可怕的是，AlphaGo 还拥有惊人的记忆力，这一点是普通人类棋手所无法企及的。人类棋手在经过上千盘棋局的训练之后，能够总结出一些经验和技巧，能够建立起更好的棋感，但没有人能够记住这 1000 局棋每一局、每一个子的落法。而 AlphaGo 能够轻松记住自己所下的 3000 万局棋中每一局棋每一个子的详细信息，并且能够在拥有如此庞大的"记忆"之后进行深度学习，优化自身的策略网络和价值网络。因此可以说，AlphaGo 是一个既有天分又好学的好孩子，这样一个好孩子专心研究围棋，当然能够在围棋界所向披靡。

🔓 算法的胜利

有人认为，AlphaGo 能够从 3 万个棋局衍生出 3000 万个棋局，并且能够总结这些棋局的规律，建立起自身的"棋感"，那么毫无疑问，这一过程就是 AlphaGo 具有思想的标志。因为"棋感"这样偏感性的事物，只有拥有独立思维的生物才能具备。

但也有人表示反对，AlphaGo 拥有大量的数据，由两个神经网络对这些数据进行分析，从而建立起了一些下棋的基本规则，这一过程只能算是基本的知识获取，并不是真正意义上的思考。AlphaGo 的胜利只是经验论的胜利。这就好比在应试教育的体制下，学生们能够通过大量习题的训练而找到做题的技巧，但学生并没有真正理解这些题目背后的知识和意义。

人工智能离真正的思考还有很远的距离。

　　这些关于 AlphaGo 是否具有思维的争论似乎有些哲学意味。但不管怎样，我们可以看到，AlphaGo 的胜利实际上是人工神经网络和蒙特卡洛树算法的胜利，这两个算法究竟是否能够让 AlphaGo 具备自我思考的能力，以及 AlphaGo 是否在运算的过程中产生了思维，我们不好妄下定论。但可以确定的是，将 AlphaGo 的胜利描述成人工智能的胜利并不准确，AlphaGo 所使用的算法都是科学家们思想的结晶，因此，它的胜利实际上是人类智慧的胜利。

2011 年，IBM 的超级计算机 Watson（沃森）在美国的智力竞赛节目《危险边缘》（*Jeopardy*）中轻松击败了两名人类选手，夺取冠军，赢得了 100 万美元的奖金。Watson 能够赢得这场智力竞赛，除了要归功于其优秀的系统架构和算法外，在很大程度上也要归功于大数据的帮助。在参加比赛时，Watson 的硬盘中存储了 4TB 的信息（其中包括预先搜集的维基百科的全部数据），这 4TB 的知识就是 Watson 参与比赛时的全部知识内容，因为在比赛中为防止作弊，Watson 是不能够再连接互联网的。Watson 所拥有的这 4TB 的信息几乎涵盖了主持人所能提出的所有问题的答案，但是仅仅知道答案仍不足以让 Watson 胜出，《危险边缘》的比赛形式是以抢答为主的，这就要求 Watson 每次在它的 4TB"宝库"中搜索要有极快的分析检索速度。另外，在搜索答案的同时，Watson 还需要对信息的真伪作出判断，过滤掉错误答案。这种判断过程也可能会导致 Watson 需要较长的"思考"时间，导致答题速度不理想。不过虽然有这么多可能拖后腿的因素，出乎意料的是，Watson 的反应速度和准确度仅仅在极个别的问题上稍

逊于人类，对于大多数问题，它都能够在人类选手做出反应之前找到正确的答案，最终获胜。在比赛之后，《纽约时报》是这样评价 Watson 的这场胜利的：“这是大数据计算的胜利。”通过这档在美国家喻户晓的智力竞赛节目，Watson 被推到了公众面前。而同 Watson 一起被推向普通民众面前的，还有“大数据”这个词。

经过短短几年的时间，“大数据”和“大数据时代”这类词汇已经充斥在我们生活的各个角落，甚至连路边卖白菜的老大爷，也可能会称自己的菜价是经过大数据分析得出的。当然，老大爷的白菜价格可能只是开个玩笑，但利用大数据定价，却不只是说笑而已，这已经成为一种广泛使用的定价手段。例如打车软件和电商平台的实时定价机制就是基于大数据的产物。优步在拥有大量即时数据的基础上，对不同时段、不同地区“量身定制”了一

个价格。司机们可以根据这种价格的变化预判出去哪里拉客能够获取最大的收益，对于司机们来说无疑是非常有吸引力的。而对于用户来说，虽然一些区域的价格偏高，但是往往会有更多的车辆涌入这些“高价区域”，从而能够让他们的出行更加快捷，节省大量的时间成本。零售业的巨头沃尔玛公司为了获取更加精准的客户数据，为其官方网站设计了新的搜索引擎 Polaris。这一搜索引擎能够根据大量的语义数据，对每一个消费者的消费倾向进行分析，从而使得客户能够更快捷地搜索到自己想要的商品。这使得沃尔玛在线购物的成功率提高了 10%~15%。10% 这个数字放在沃尔玛身上，可能就意味着几十亿美元的高额利润。当各个行业都在喊着“大数据时代已经到来”口号的时候，你是否想过，大数据时代究竟对我们的生活产生了哪些影响？为何大数据这么重要？

从软盘到云盘

如图 4-15 所示，在 20 世纪 80 年代末，人们普遍用软盘作为移动存储设备，包括 5.25 英寸、3.5 英寸的软盘，其功能与现在 U 盘的功能类似。但即使是当时容量最大的 3.5 英寸

软盘能够存储的信息也非常有限，仅 1.44MB 的容量。现在看来，这么小的容量简直是一个笑话，可能连一张图片都放不下。可是在当时，这种软盘却是最为流行的存储装置，其使用效果也可想而知，用于存放一些文字信息还勉强可以，若是存放图片或者音频信息就非常困难了，要是想用软盘拷一个视频简直就是天方夜谭。20 世纪 90 年代末，光盘以其上百兆字节的存储量以及日渐低廉的价格开始渐渐取代了软盘的地位。随着 3.5 英寸软盘和 5.25 英寸软盘的退出，为它们而设计的 A 盘和 B 盘也从电脑中消失了，这也是我们只能在电脑中看到默认的 C 盘、D 盘、E 盘，却见不到 A 盘、B 盘的原因。随着存储技术的发展，比软盘和光盘尺寸更小而内存更大的 SD 存储卡和 U 盘开始出现了，我们能够传递的信息量一下提升了几个数量级。现在，我们口袋中的 U 盘几乎都能轻轻松松地装下超过 10GB 的文件。而存储容量为 16GB、32GB 的手机也渐渐不能满足我们的需求了。在电脑的资料备份上，很多人都已经使用以 TB 为单位的移动硬盘了。此外，云盘、网盘这种云存储方式也开始为我们提供便利。我们甚至不再需要携带 U 盘和移动硬盘，只要有网的地方，就能实现文件的传送；在多人之间传送文件也不再需要不断传借 U 盘，而是直接在云盘中分享就能实现。

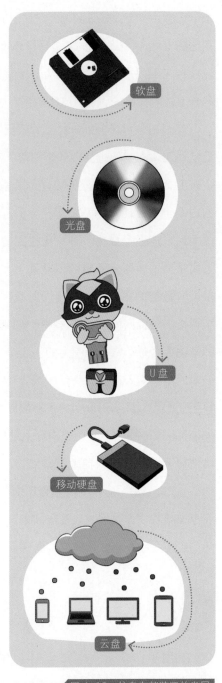

图 4-15 信息存储装置的发展

从移动存储装置的发展上我们发现，我们所能接触、传递的信息量已经从之前的"数以兆（字节）计"转变成了"数以吉（字节）计"甚至"数以太（字节）计"了。

庞大的数据

仅仅是从个人的角度来看，我们每天都会产生大量的信息数据，而整个社会每天产生的数据量就更为庞大了，这些数据的内容几乎涵盖了我们生活的方方面面。只要我们打开搜索引擎，在搜索栏输入"餐厅"两个字，立即就能得到数以百万计的搜索结果。如果我们感冒了，想要找一找简单的治疗方法，只需要输入"感冒"两个字，我们能够看到上亿个搜索结果。从如此庞大的信息量上看，我们确实是身处于一个大数据时代。那么大数据究竟是什么呢？

对于大数据，不同的机构对其定义略有不同，但可以简单地将大数据理解为大量的数据集合，这些数据的量大到常规的软件工具难以管理和处理。对于如此庞大的数据，我们不难想到大数据的 4 个特点。

（1）数据量大。大数据往往以 PB（1PB=1024TB）、EB（1EB=1024PB），甚至是 ZB（1ZB=1024EB）为单位。相比之下，以 GB 或 TB 为单位的常规电脑数据与大数据根本不在一个量级上。仅仅是存储就可能涉及多台电脑、多个硬盘，因此用普通数据处理软件很难进行分析处理。

（2）数据种类多。庞杂的数据包括文字、图片、语音和视频等多种类型。因此处理起来也相对比较复杂。

（3）时效性高。由于我们身处信息时代，每秒钟都会有大量新信息出现。例如，一个新闻事件出现后，几分钟之内人们就能在网上发现大量相关评论；当我们在网店中搜索想要的商品时，这些网站往往能够在几秒钟内就分析出我们想要的商品，并进行推荐。因此，大数据对数据的搜集、分析速度方面有着极高的要求。

（4）价值密度低。由于大数据的数据库中存在着如此巨大的数据量，而真正对我们有用的信息可能只占其中很小的一部分，想要获取这部分有价值的信息就像大浪淘沙一般。因此，很多人认为价值密度低也是大数据的特点之一。而想要从中找到能够为我们所用的数据，就需要依靠专业的人员以及极具创意的思维。

 ## Hadoop 生态圈

如上所述，大数据的数据量难以用一般的数据处理软件处理。那么，大数据究竟用什么来分析处理呢？目前在大数据的存储和处理上应用的较为广泛的就是 Hadoop。Hadoop 实际上不是某个具体程序，而是一个由很多软件共同组成的系统，因此又被称为 Hadoop 生态圈。Hadoop 生态圈中比较核心的两个内容分别是 HDFS 和 MapReduce。HDFS 是 Hadoop 的一个分布式文件系统，其全称是 Hadoop Distributed File System，它能够存储超大文件，并且具有高效的访问模式，在数据集生成之后，HDFS 能够长时间多次读取数据并进行各种分析。而 HDFS 一个重要的设计理念就是它的容错性很高。由于需要存储的数据量极大，因此可能涉及多种硬件设备，而一旦其中有少数硬件设备出现故障，HDFS 的高容错性能够保证整个分析过程的正常进行。

HDFS 解决了海量数据的存储问题。但想象一下，假如要在你的计算机上对 1024TB 的数据资料中的某几项进行相关性分析，那么你打开数据分析软件，选定要分析的项目，开始运行，然后喝一杯水等待结果出现。遗憾的是，你可能永远也等不到结果出现在屏幕上了，你的电脑很有可能在得出结果之前就死机了，因为运算量实在是太大了！

那么，既然无法在一台计算机上完成这样的分析，我们是否可以用很多台计算机来实现呢？答案是肯定的。这种协调很多台计算机来处理单一计算机无法解决的问题的技术被称为分布式计算。事实上，获取很多台计算机并不困难，困难的是如何让这些计算机能够相互协调起来完成一个大任务。此时，就轮到 Hadoop 生态圈中的另一个内容 MapReduce 大显身手了。MapReduce 就是为了应对分布式计算而设计的，其工作方式将在本书 4.6 节以漫画形式进行简单介绍。

尽管 Hadoop 自其诞生后不久就在大数据分析领域被广泛使用，但新的大数据分析技术也在不断涌现，例如谷歌的 Caffeine、Pregel、Dremel 以及 Apache Spark 等。技术总是在不断进步，Hadoop 的时代可能很快会过去，但是大数据时代却还将给人们的生活带来更多的改变。

🔓 大数据与生活

海量的实时数据给人们的生活带来了极大的便利。当我们早上出门上班时打开手机地图，就能看到实时的交通状况，知道今天早上各条道路的堵车状况。通过这些信息，我们可以规划更加合理的通勤线路。除此之外，大数据也在为我们的安全保驾护航。洛杉矶警局通过与加州大学洛杉矶分校的人类学教授杰夫·布兰丁汉姆（Jeff Brantingham）、数学家乔治·莫勒（George Mohler）合作，希望能够利用大数据模型来预测洛杉矶福德希尔地区的犯罪情况。他们通过数学模型对洛杉矶警局近 80 年来的 1300 万份犯罪记录进行分析，试图从中寻找出犯罪的模式，找出犯罪的高发地区，从而希望能够像天气预报那样预测犯罪的发生，并在预知了可能发生犯罪的地点后及时派出警力巡逻，以做到预防犯罪。在使用这个系统之后，洛杉矶警局发现福德希尔地区财产犯罪率降低了 12%，入室盗窃率下降了 26%。这一成效得到了洛杉矶警局警员的一致认同，他们希望能够将这个预警系统推广到整个洛杉矶市，以减少犯罪率。同时，这个模型还在不断引入新的数据，并对这些犯罪类型进行更精确的划分，以期做出更为精准的预测。

大数据在金融方面也大显身手。过去，金融交易大厅里充斥着为了竞价而喊得面红耳赤的交易员、操盘手们，他们根据自己的本能和直觉来制定买卖的策略。当你进入这样一个交易大厅时，可能感觉不到自己进入了世界金融的中心，而是进入了一个嘈杂的菜市场。而现在，金融投资者们开始希望从看似随机的金融大数据中找到价格涨跌的规律，从而能够通过大数据狠狠赚上一笔。在这些投资者看来，只要你有足够大量的数据以及足够优秀的大数据分析方法，大数据就能够成就你亿万富翁的梦想。因此，现在的投资公司中，为亿万资金寻找"娘家"的已不仅仅是操盘手们，还有众多戏称自己为"矿工"（Quant）的金融数据分析师。他们不再需要吵吵嚷嚷地叫价，而只需要安安静静地分析数据就好。

大数据除了在保护人们的财产方面有重大功劳外，在保护人们的健康方面也有重要贡献。心房颤动（简称房颤）是一种在老年人群中较为常见的疾病。房颤可能会导致血栓的形成，进而引起中风，对于老年人老说是非常大的隐患。而房颤的发病却十分难以预测，在不发病时，患者几乎没有什么异常表现，一旦突然发病，患者可能很难得到及时的救治。这给房颤的诊断和治疗都带来了极大的困难。而现在大数据使得个性化的医疗成为了可能。手机现已成为人人都会随身携带的电子设备，手机除了能够让我们刷朋友圈、玩游戏之外，同时也是很好的实时信息收集设备。大数据医疗可以通过手机来收集患者实时的身体状况信息，例如实时心率以及日常作息情况，从而起到预测房颤发生的作用。一旦患者的心率和作息发生变化，个性化医疗 App 会自动向医生发送提示信息，使得医生能够快速做出反馈，挽救病人的生命。

在 2017 年 8 月，台风"天鸽"袭击了我国南方沿海城市，造成了超过 10 人死亡或失踪，我国 2017 年第一个台风红色预警也给了"天鸽"。由于台风的运动轨迹非常难以预测，很多机构都无法提前给出其准确的运动路径，或在做出预测后，往往政府和民众来不及采取应急措施，台风就已降临。气象模型和气象大数据与深度学习之间的结合有望解决这一问题。除此之外，气象大数据和深度学习之间的结合还有望对冰雹、雷雨等局部天气进行预测。一旦这样的技术成熟，我们就能更加从容地应对极端天气，从而减小极端天气带来的损失。

🔓 双刃剑：便利与隐私

当我们享受着大数据时代给我们带来便利的同时，一个伴随着大数据而来的无法忽视的问题也悄然出现——我们是否在"裸奔"？不知你是否感觉到，现在的广告种类似乎没有以前那么多了，我们每天都收到的广告内容已经不再像过去那样令人眼花缭乱。取代这些种类繁多的广告的是一些种类较少但与我们的兴趣点息息相关的商品广告。例如，如果你在网站中曾查阅过乐高玩具的信息，那么很快网站上推送的广告中就会出现乐高的相关内容；当你的爸爸妈妈新买了一辆车开开心心地往家开时，可能就会接到电话，询问他们是否有意向购买某公司的车辆保险。这些精准的广告，源自于对我们信息的搜集和分析。事实上，大数据使得广告业也焕然一新。现在的广告商们能够在100毫秒内从上百万个广告中选出适合你的广告进行推送。可以说广告也出现了个性化定制。更令人惊讶的是，广告商们能够利用一些优秀的算法对搜集到的数据进行分析，他们不仅能够了解到我们的喜好，甚至能够在我们意识到自己想买什么之前就提前推送到我们面前，可以说在某种程度上，广告商比你还要了解你自己。对于这种现象，你究竟是会感到开心呢，还是感到恐惧呢？

相信面对这样的情况，很多人都会发问，我们还有隐私吗？我们在使用搜索引擎时，完全没有收到任何提示，但是搜索引擎却在卖力地记录我们的一举一动，分析我们的需求。除此之外，我们也在不断地贡献着自己的各种信息：我们上传到朋友圈、微博、QQ空间中的各种照片或定位，均透露出个人信息；我们在网店上的购买记录、评价投诉情况以及支付信息也均能够透露出我们的消费倾向及性格。尽管提供服务的商家一再承诺这些数据将严格保密，但新闻上不乏黑客入侵大数据系统，造成用户隐私泄露的报道。Meta（Facebook母公司）在其平台上设置了大量的隐私按钮，用户可以根据自己的需求阻止Meta获取自己的隐私数据，但即使是这样，Meta还是时常陷入隐私官司之中。那么其他小网站能否保障我们的隐私也就可想而知了。

在我国，保护公民的隐私也开始引起了广泛的关注。2017年5月，中华人民共和国最高人民法院和最高人民检察院出台了《关于打击倒卖公民隐私数据的办法》；2017年6月1日，《网络安全法》正式实施。尽管国家在保护我们的隐私方面一直在做积极的努力，但除了立法之外，我们也需要树立起保护自己隐私的概念，在发朋友圈和微博的时候多加留心。你可能只是想发一个朋友圈晒一下你们家暑假要去海边度假1个月，但对于居心叵测的人来说，这可能意味着一条通知——入室行窃的时机到了。

尽管大数据在隐私方面给我们造成了一些困扰，但我们无法否认大数据给我们的生活带来的便利，面对大数据这把双刃剑，科学家和黑客们也在进行着各种博弈。但可以确定的是，大数据将会渗透到我们生活的更多方面，让我们拥有更好的生活体验。

5

感知万物

5.1 机器的眼睛

如果要评选人类身上最精巧的器官，那么眼睛一定会在候选名单之中。

视觉能够给我们的生活带来极其丰富的体验，比如坐在海边一座安静的小屋门口，悠闲地看潮涨潮落，离不开视觉；在科研机构的实验室中，科学家们通过显微镜观

察细胞的各种结构，靠的是视觉；在一次商业谈判中，我们通过观察对方代表的面部微表情，判断对方的心理从而让我方获取更大的利润，依旧离不开视觉。通过视觉我们可以获得大量的外部信息，视觉也成为我们与外部世界交互中最有效的手段。

🔒 机器有视觉吗

视觉对于人类来说非常重要，那么计算机是否也能具有视觉呢？答案是肯定的。计算机视觉简称 CV（Computer Vision），这个概念在 20 世纪下半叶就已被提出。计算机的视觉器官主要是摄像头，如同我们的眼睛一样可以接收图像信号。但是如何处理与分析这些信号，产生"认知"并做出"决策"，才是计算机视觉这项技术的奥秘所在。

图像在计算机世界里通常以一系列网格状像素矩阵的形式出现，这一表示形式是大多数图像处理技术的基础。我们可以通过坐标位置来确定某个像素点的位置，并通过更改该点的像素值来更改图像的显示。

图像的色彩空间常用 RGB 表示，即 Red（红），Green（绿），Blue（蓝）。空间中的 RGB 分布的取值范围为 [0, 255]，呈均匀分布，如图 5-1 所示。

除了 RGB，为了更好地表示图像信息，颜色空间还有两种常用的表示方法。第一种是 HSV，即色调 Hue、饱和度 Saturation 和明度 Value。这个空间中的颜色分布呈现为一个圆柱体。在不同的光照条件下，色调通道的变化范围不大，而明度通道变化明显，因此可以通过调整色调通道的值来更好地选择目标区域，避免光照条件的影响。

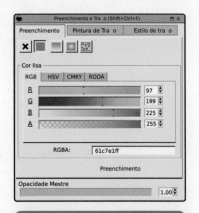

图 5-1 分别输入 R、G、B 值就能得到想要的颜色（A 指透明度，取值在 0~1）

第二种常用方法是 HLS，即色调 Hue、亮度 Lightness 和饱和度 Saturation。这个标准几乎包括了人类视力所能感知的所有颜色，是目前运用最广的颜色系统之一。在大部分计算机视觉应用中，光照条件对于算法的识别能力是有影响的，后两种颜色空间表示方法考虑了明度 / 亮度信息，可以用于分辨图像的光照条件。

图像处理有很多实际的应用，比如图像增强。例如 20 世纪 50 年代末，卫星航拍的图像往往不够清晰，这时候人们通过计算机的图像增强功能来获取更加清晰的图像，从而为专家进行分析提供便利。图像的超分辨率研究如何从低像素图像而获得高分辨率的图像，如在交通领域应用的车牌清晰处理等。

模式识别主要是指识别出图像中某些特定的概念，例如找出图片中的一只猫（图 5-2），或在一张充满汉字的图片上找到某个特定的汉字。如何在一个基于数学逻辑的机器上形成某种概念，是模式识别和机器学习研究的重点。模式识别在 20 世纪 60 年代初开始得到广泛认可，当时就已经有识别程序，能够识别图片中的英文字符。虽然识别效果和现代技术不可同日而语，但模式识别还是能够减少一部分人工的工作量，人们不再需要将字符一个个手动输入计算机。尽管当时计算机视觉在二维图像增强和模式识别这两个领域已有广泛应用，但人们并不满足于此。我们人类看到的世界是一个三维的世界，因此人们也希望计算机也能够看见一个三维的世界。

1965年，罗伯茨的研究是计算机视觉研究从二维转向三维的标志（见图5-3）。通过一遍遍地让计算机观察圆锥、圆球、立方体等模型的图片，一遍遍地调试程序，罗伯茨成功地让计算机识别出二维图像中的三维结构和空间布局，这使得计算机从二维图像中提取三维信息成为了可能。从此，计算机视觉领域得到突飞猛进的发展。

劳伦斯·吉尔曼·罗伯茨（Lawrence Gilman Roberts）

罗伯茨（1937—2018），美国工程师，2001年因对互联网发展的贡献而荣获德拉普尔奖（美国工程学界最高奖项之一），五角大楼高级研究计划局（ARPA）的主管，首位设计和管理第一个分组网络 ARPANET 的互联网先驱。1965年，他在《三维固体的机器感知》一书中描述了从二维图片中推导三维信息的过程，成为计算机视觉的前导之一，开创了理解三维场景为目的的计算机视觉研究。

图5-2 不知道这张"猫片"机器能不能识别出来？

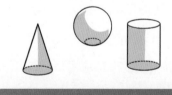

图5-3 罗伯茨成功地让计算机识别出二维图像中的三维结构和空间布局

🔒 计算机视觉能帮我们做什么

如今，计算机视觉在多个领域得到了广泛应用，例如图像增强技术已被广泛应用于医疗、航空航天以及交通监控等方面。在以往的 X 光检测中，由于一些器官的特殊结构，这些器官在 X 光片中清晰度不够，从而给医疗诊断带来极大不便。将图像增强技术应用于 X 光检测领域，可以让医生更加准确地诊断病人的病情。

在航空航天以及工业领域，图像增强技术可以有效去除图像中的干扰，获取更清晰的图像以供分析。在图像增强技术和更先进的光学镜头的帮助下，人们在一些军用卫星拍摄的照片中甚至能清晰地分辨出地面上几厘米长度的线段。在交通监控领域，图像增强技术也带来了巨大的便利。在晴朗的天气中，交通摄像头固然能够良好运作，而在雨天、雾天或是夜晚，摄像头取得的图像会受到干扰。此时，图像增强技术就可以在一定程度上去除这些干扰，更好地监控路面信息以保护我们的安全。

在模式识别方面，计算机视觉的发展就更令人惊叹。现在我们拿起手机拍照时，手机不仅能够快速且准确地从图片中识别人脸的位置，还能够识别人脸的表情，在微笑时自动拍照（微笑快门）。此外，大家对手机拍照中的美颜功能并不陌生，除了准确识别五官的位置，手机还能在拍照时就针对性地对眼睛、鼻子、皮肤等进行相应的美颜，省去了人们在拍照之后还要花时间去处理图片的烦恼。

2015 年，微软推出了一个网站——How-old.net，这个网站可以对人们上传的图片中的人脸进行识别，根据相应算法预测其年龄。虽然有时候结果不够准确，但完全不影响人们乐此不疲地上传照片。当我们的行李从地铁站、火车站或机场的安检仪中快速滑过时，计算机能根据 X 光图像对行李箱中的物品进行识别，不同物品会以不同颜色色块的形式清晰地呈现在安检员面前。

在教育领域，如编程猫实现了积木拍照的方法，可以把编程积木直接读进编程环境中，用的也是图像识别的技术。

在漫画创作中，最为费时费力的部分就是给漫画中的角色上色了，很多漫画大师（如宫崎骏）都是在创作出基础人设和线稿后，将具体人物和分镜头交给工作室的资深漫画家来做，而上色部分则是最没有技术含量但是最耗费人工的部分。如果用基于机器学习的图像处理方法，算法可以学习到一个线稿与颜色之间的关系，然后自动给漫画上色。比如图 5-4 中的编程猫，即使我们改变它的形态，算法仍然可以学习到其上色的方法。

去色原图　　　　　　　　AI 上色后

去色原图　　　　　　　　AI 上色后

图 5-4　漫画自动上色

如何让计算机理解"眼前"的世界

在计算机视觉发展初期，研究的重点还仅限于"看见"。对于人类来说，视觉不仅仅是为了看见，而是为了对看见的事物做出反应，更好地理解这个世界。因此专家们也希望能赋予计算机这样的能力。

一款名为 Kinect 的带有深度传感器的摄像头能够捕捉这个人做出的动作，根据不同的动作，Kinect 背后的计算机会做出不同的反应，这也就是人们常说的"体感游戏"。这种不需要手柄，靠自己的身体动作来操纵的游戏机在当时受到了热烈追捧。

还有一项计算机视觉技术也正逐步来到我们身边。我们在看电影时一定都见过这样的场景，在一个人流量巨大的场所（比如机场），警察为了追踪一个罪犯，在监控室中将罪犯的头像与监控器中的人脸进行比对。在经过短暂的比对后，罪犯的人脸在监控画面上被标记出来。更令人惊叹的是，监控摄像头一旦锁定了目标，就一直自动跟随着目标移动，直至罪犯被警察抓住。

尽管这两个例子中的计算机视觉技术已经超出"看见"这一基础层面，但这两个例子中计算机对于图像的反应都比较简单，它们并不需要理解看到的是什么，只需要根据设计好的程序，在出现特定图像时做出特定的动作即可。对于人类来说，这几乎是与生俱来的本领。随着年龄增长，人类能够识别图片中的不同物体，并通过不断观察学习，在 3~5 岁时就能认出一只躲在箱子后面露出半张脸的小猫。

计算机能不能识别图片中的不同物体呢？上面不是说了计算机能够识别人脸吗？Kinect 不是也能识别出人的动作吗？但是这都是识别一种物体，而且仅仅是识别出人脸这一项，就要科学家耗费大量精力去建立模型和设计算法。按照这一思路，想让计算机识别生活中的所有物品，需要给每个物品设计大量的模型，这几乎是一项不可能完成的任务。

人类超过 70% 的感觉信息都来自视觉系统。
视觉研究一直是神经科学中的一个重要分支。

仔细观察上图。当你注目于明暗交界处，是不是会感觉明区更亮，暗区更暗，从而觉得明暗交界线更加突出？这就是著名的当属马赫带效应（Mach Band Effect），即奥地利物理学家恩斯特·马赫（Ernst Mach）于 1868 年发现的视错觉现象。

人的视网膜主要由光感受器（视锥细胞和视杆细胞）、中间层（水平细胞、双极细胞和无长突细胞）、神经节细胞组成。其中，光感受器是视网膜内的感光细胞，负责感受视野中的部分区域的光线，对应区域被称为细胞的感受野。

光感受器将光信号转换为电信号并传递到下一级细胞——双极细胞。在这个过程中，有一类被称为水平细胞的抑制性细胞，能够反馈一个抑制信号给其周围的其他光感受器，造成双极细胞的中心－周边拮抗的感受野。

类似地，在双极细胞向下一级细胞——神经节细胞传递信号时，也会有另一类细胞起到侧抑制的作用。神经节细胞的感受野也是中心－周边拮抗的。在马赫带中，这样的周边拮抗结构使亮的一侧被加强而显得更亮，暗的一侧被抑制而显得更暗。

20 世纪 50 年代，大卫·休伯尔和托斯坦·维厄瑟尔在猫的大脑中发现了具有方位选择性的神经元，即这些神经元会分别对特定的条纹方位产生强烈的响应，而对其他方位的响应则弱很多。这一现象显示，视皮层细胞的感受野同样存在中心－周边拮抗的特性，其形状呈现长条形特征。休伯尔和维厄瑟尔因此在 1981 年获得诺贝尔生理学或医学奖。他们的研究告诉我们，在做视觉认知的时候，大脑不是一个照相机把视网膜接受的信息全部等价的拷贝下来。我们的大脑中事实上有好多"小怪物"，每个小怪物只能识别固定的某些纹理、方向或者材质等视觉特征。在给定一个物体的时候，根据不同的颜色、形状、材质、纹理等，有不同的小怪物叫起来；给了其他的物品，是另外一些小怪物叫起来。我们的大脑是根据小怪物的叫声来识别具体物体的，而这些小怪物就是对不同视觉特征敏感的神经元。

1981 年，神经生物学家大卫·休伯尔（David Hubel）和托斯坦·维厄瑟尔（Torsten N. Wiesel）获得诺贝尔生理学或医学奖，他们更好地理解了视觉系统信息处理机制，证明大脑的可视皮层是分级的，大脑的工作过程是一个不断迭代与抽象的过程。视网膜在得到原始信息后，首先由区域 V1 初步处理，得到边缘和方向特征信息；然后由区域 V2 进一步抽象，得到轮廓和形状特征信息；经过更多更高层的抽象迭代，最后得到更精细的分类。像素是没有抽象意义的，但人脑可以把这些像素连接成边缘，边缘相对像素而言是比较抽象的概念。例如，当人们看到一个气球时，先将看到的像素连成边缘，边缘进而形成球形，球形再到气球，这一系列抽象的过程，让大脑最终知道看到的是一个气球。

这个生理学发现促进了计算机视觉的发展。计算机专家仿照人类大脑由低层到高层逐层迭代、抽象的视觉信息处理机制，建立深度网络模型。深度网络每层代表可视皮层的区域，深度网络每层上的节点代表可视皮层区域上的神经元，信息由左向右传播，其低层的输出为高层的输入，逐层迭代进行传播。

2007 年，科学家开始将人工神经网络与计算机视觉相结合，让计算机能够自主学习并理解看到的内容。他们让计算机观看了上亿张图片，并且告诉计算机每张图片中每个物品的名称。这是一项巨大的工程，167 个国家和地区的约 5 万名工作者耗费了近 2 年时间才完成。计算机观看并学习了如此大量的图片之后，能够准确地分析出一张新的照片上的大部分物体，并且能够简单地描述一张图片。对于计算机视觉研究来说，这无疑是十分重大的突破。

计算机视觉中最常用卷积神经网络进行图像识别研究。卷积我们在 4.3 节中曾提到过，是在连续空间做积分计算，然后在离散空间内求和的过程（即卷积和）。实际上，在计算机视觉里可以把卷积当作一个抽象的过程，把小区域内的信息统计抽象出来。比如对于一张特定人物的照片，计算机可以学习多个不同的卷积和函数，然后对这个区域进行统计。已完成卷积神经网络求和的卷积和会对输入图像进行扫描，每一个卷积和会生成一个扫描的响应图（即 feature map）。从一个最开始的输入图像（RGB 三个通道）可以得到 256 个通道的响应图，即 256 个卷积和，每个卷积和代表一种统计抽象的方式。

今天的计算机视觉技术包括多个不同的研究方向，其中关注度较高的领域有目标检测、语义分割、运动和跟踪、视觉问答等。

目标检测是计算机视觉中非常重要的一个研究方向——通过输入的图片识别图片中的特定物体，并输出其所属类别及位置。根据不同检测对象，可以衍生出人脸检测、车辆检测等细分的检测算法。

目标检测和识别通常是将宏观物体在原图像上框出，语义分割则是将每一个像素进行分类，图像中的每一个像素都有属于自己的类别，应用为近年来无人驾驶技术中的分割街景（用来避让行人和其他车辆）、医疗影像分析中的辅助诊断等。

跟踪问题研究的是在一段给定的视频中，根据第一帧图片中所给出的被跟踪物位置及尺度大小，在后续的视频中寻找到被跟踪物体的位置，并在跟踪过程中适应各类光照变换、运动模糊以及表观的变化，以提高检测的精度。

视觉问答是近年来十分热门的研究方向之一，其研究旨在根据输入的图像，由用户进行提问，算法自动根据提问内容进行回答。这个问题跨越两种数据形态，故也称为跨模态问题。

最后，我们来设想一个小场景。在一个天气晴朗的假日，你开着车飞驰在田间小路上，车上的摄像头和计算机一刻不停地帮我们分析路况，判断路上的障碍物究竟是无害的干草还是会对行车造成威胁的石块。当你驶过一个路口时，在你毫无察觉的情况下，路口的监控摄像头已经扫描了你的面部，并与数据库中的通缉犯进行比对，并认定你不在通缉犯的名单上。在路边你发现了一片美丽的花田，于是你下车去观赏。花实在是太美了，你掏出手机扫描了自己的脸或用指纹解锁手机，打开一个识别植物种类的 App，用手机拍照上传，几秒钟之后，你就知道了这朵花的名字。接着，你重新发动汽车准备启动，车载摄像头发现车的左后方有个小孩正骑着自行车过来，车上的显示屏立即显示观察到的危险画面，你因此避免了一场车祸……在这个场景中应用了多种计算机视觉研究成果，一些已成为现实，一些则将在不久的未来陆续走进我们的生活。

可计算的味道

计算机摄像头赋予计算机视觉，通过对图片中物体和人脸的识别，计算机视觉技术已广泛地应用在我们的生活中。但要是说起计算机嗅觉，大家可能大吃一惊："什么？计算机还有鼻子吗？计算机要鼻子做什么？"

大众对于计算机嗅觉可能不如计算机视觉那样熟悉，但事实上，早在20世纪中叶科学家们就开始对机器嗅觉开展研究，但当时并没有提出计算机嗅觉这一概念，只有一些对于化学传感器的理论和实际应用研究，而这部分研究为计算机嗅觉的研究提供了重要的基础。

人类为什么有嗅觉

化学传感器对于计算机嗅觉的作用，就像我们鼻子的嗅觉感受器对我们嗅觉的重要性一样。为了更好地理解机器嗅觉，我们先简单了解人类的嗅觉。

人类为什么能闻到气味？早从公元前人们就开始

思考这个问题。最初人们认为，我们之所以能闻到气味，是因为物体发出了辐射，我们鼻子中的感受器能够接收这种辐射。不同物体发出的辐射是不同的，所以我们闻到的味道也不一样。后来经过研究，人们发现，我们的鼻子里有数量众多的嗅觉感受器。每个嗅觉感受器上都有一个形状特殊的凹孔，不同气味的分子具有不同的形状，这些形状特殊的分子只能与具有特定形状凹孔的感受器结合，这样，不同的感受器就会将不同的信号传递给大脑，我们就闻到了各种各样的味道。

这种"一把钥匙开一把锁"的理论在生物学上称为锁钥理论，如图 5-5 所示。锁钥理论曾一度被认为是人类拥有嗅觉最重要的原因，但这一理论并不能解释人体中约 400 个气味感受器是如何感知上千种气味的。最近有新研究发现，我们对不同气味的感知源于不同分子和原子之间化学键的振动。对于人类嗅觉的具体细节，还存在很多的未知，因此对于机器嗅觉的研究也是一件十分困难的事情。

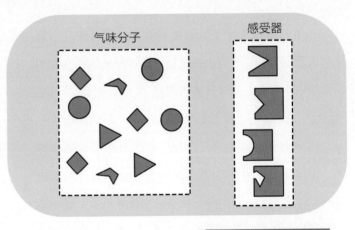

图 5-5 嗅觉的锁钥理论

嗅觉与气体分子

人类的嗅觉也是我们通过对于不同气体分子的感知，我们甚至有种错觉，觉得气味是没有物理实体的。而事实上，每种气味都是由对应的物质分子对人类嗅觉的刺激而产生的。无味的气体分子也会跑到我们的鼻子里面，只是我们对有些分子并不敏感，这不代表它们没有味道。相对于人，狗的鼻子更加敏感，也会比我们闻到更多的气味。

计算机的"鼻子"

虽然对人类嗅觉的研究还存有未知，但毫无疑问，如果要让计算机产生嗅觉，首先要给计算机制造嗅觉感受器，这个感受器是能够检测气味分子的芯片。拥有这个芯片，计算机就像有了一个鼻子。

但光有鼻子还不够，例如计算机的芯片能够检测到巯基（—SH）基团的存在，不过计算机并不知道这种味道是被人类称为"臭味"还是"大蒜味"。

计算机还需要学习辨别检测到的分子究竟是什么味道，以及这些味道有多浓。因此科学家们的下一步工作是教计算机识别各种气味的名称，特别是当感受器感受到多种气味分子时。为了实现这一目标，需要一些志愿者嗅各种气味的气体，并给这些气体贴上气味标签，再让计算机也"嗅一嗅"同样的气体，并在计算机上输入标签上的描述。通过人们提供的大量数据，计算机就能够识别出上千种气味。

计算机为什么要有嗅觉

视觉对人类而言极其重要，给计算机一双眼睛，让计算机识别周围的世界，从而为我们的生活带来便利，计算机视觉技术的重要性几乎不会有人提出异议。与之相比，生活中我们可能感受不到嗅觉的迫切重要性，因此会有人提出疑问，为什么要让计算机也拥有嗅觉呢？

其实在生活中，嗅觉有着不可替代的重要作用。想象一下，吃完晚饭后你和家人去湖边悠闲地散步。半小时后你回到家门中，像往常一样打开家门，准备伸手去摸电灯的开关。就在这时你闻到了浓浓的煤气味，于是差点按下开关的手闪电般地缩了回来，同时你迅速打开窗户，摸黑找到煤气总闸并关掉煤气。在这个事件中，你的嗅觉拯救了你的性命。由此可见

我们平时不太在意的嗅觉在我们生活中扮演着极其重要的角色。

在我们的生活中，机器嗅觉已有多方面的应用，例如在厨房里的一氧化碳或是甲烷报警器可以在煤气刚泄漏时，自动发出警报，从而避免灾难发生。像这种针对某一种或几种气味进行探测的应用还有很多，例如可以根据特定毒品的气味进行探测，从而实现更高效的缉毒工作。这种毒品探测仪能够取代一部分缉毒犬的工作。另外，螃蟹一旦变质会产生对人体危害极大的组胺等物质，这些物质即使高温蒸煮也难以去除，而且仅靠眼睛识别也很难辨别螃蟹的新鲜程度。对此，有学者研究了针对大闸蟹的嗅觉系统，通过分析大闸蟹所释放的多种气体成分，可快速判断大闸蟹的新鲜程度。美国的 C2Sense 公司也开发出一种针对乙烯的嗅觉芯片，这种芯片通过分析食物包装中乙烯的含量来判断食物是否变质，并且这种芯片造价很低，可以广泛地应用于超市的食品架和包装袋内。我们只需要用手机扫一扫条码，就能了解我们购买的食物是否新鲜。以上例子只是计算机嗅觉的简单应用，只须针对一种或几种气味的浓度做出反应。

在日常生活中使用嗅觉时，我们的大脑往往是对多种气味进行综合分析。这些气味混合在一起，不是对几种气味分子的浓度做简单的加加减减就能分析出结果。例如，在品茶时，我们能够通过茶的香气来判断茶的好坏；在选择香水时我们通过闻一闻，就能选出自己喜欢的香水类型。茶叶和香水中含有几十种甚至上百种气味分子，评判茶叶好坏和香水类型的过程非常复杂，仅凭"机器鼻"上的嗅觉感受器是办不到的。

我们的大脑中有专门处理这种复杂嗅觉信息的区域，如果想让计算机嗅觉也达到这样的水平，则需要给计算机也设计一个更加高级的嗅觉处理程序。为达到这一目的，科学家将嗅觉传感器与模拟人类神经系统的人工神经网络相结合，希望能够赋予计算机嗅觉更强大的功能。科学家们关于这方面的研究还在进行中，但相信很快计算机嗅觉就能够帮我们筛选香水，并调制出特别的香味。

5.3 听懂人类的声音

听觉对我们的重要性不言而喻，它能让我们感受一场美妙的音乐会，体验心灵的愉悦；它能让我们聆听教授们在讲台上孜孜不倦的教学，拓展我们的知识面；它还能让我们在马路上听见身后汽车的喇叭声，从而意识到危险，迅速做出避让……听觉是我们不可或缺的感官体验，因此科学家们也希望赋予计算机听觉功能。

相对于嗅觉而言，科学家们对人类听觉的产生机制研究得较为透彻。听觉主要是由外界的声波传递到外耳道再传递到鼓膜，通过鼓膜振动，听小骨将这些振动传递到内耳，再由耳蜗内的听觉感受器产生神经冲动，神经冲动再沿着听神经传递到听觉中枢，从而形成人类的听觉。因此，如果想让计算机也能听见声音，首先要给计算机制造一个"耳朵"。我们对着计算机或手机说话时所需要的设备是麦克风，因此，麦克风是计算机最常见的"耳朵"。通过麦克风，我们说话时产生的空气振动被转化成计算机能够理解的数字信号，从而计算机能够听懂我们的声音。

🔓 为什么要赋予计算机听觉

我们是计算机的使用者，赋予计算机听觉最主要的目的是让计算机能听懂我们的声音。想象一下，你经过了通宵加班，在凌晨的五六点钟想要眯一会，结果却一不小心睡过头了，在闹钟响了 N 遍之后才猛然惊醒。这时，你必须抓紧一分一秒才能保证上班不会迟到。这时候你需要去洗漱，冲一杯牛奶，打开微波炉加热早饭，还要把昨天通宵加班的方案发送给领导过目。不过幸运

的是，现在已经进入了人工智能时代，你一边走向洗脸池，一边对着手机中的智能软件说"加热牛奶""加热微波炉中的早饭""发送邮件给领导"。在你走到洗脸池边拿起牙刷之前，你已经解决了早饭和邮件的问题，而不需要亲自去厨房和书房一趟。多亏了计算机听觉技术，你成功避免了一次迟到。从这里我们可以看出，通过说话来下达指令操作机器或是完成一些工作，能够极大程度地提高我们的效率。Z世代的年轻人已经适应了智能音箱的语音交互方式，如同一个"90后"见到屏幕就会直接触摸一样。语音命令在手机助手中的使用也已经开始渗入每个人的生活中。

🔓 语音输入法

我们在写文章时可能会遇到这样的情况：我们的脑海中偶尔有非常棒的想法一闪而过，但我们写到一半的时候，就忘记了刚才想到的美妙语句。这时我们会想，要是在想法刚产生时就将这种想法说给计算机听，让它自动记录下来就好了。这就是语音输入法，如图5-6所示。

一般普通人的打字速度为1分钟40~50字，而专业的打字员打字速度为1分钟120字左右。

5

感知万物

但普通人的说话速度可以达到 1 分钟 200 字以上，用语音输入法来代替手动输入可以大大提高输入的效率。对于一些视觉缺陷或肢体障碍人士来说，语音输入法更是能够给他们的生活带来极大便利，因此语音输入法有非常广泛的应用前景。

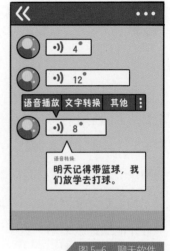

图 5-6 聊天软件的语音聊天功能

但是，语音输入法常见的问题是识别准确率相对较低，而且由于各地方言差异较大，语音输入法对于方言的语音识别成功率就更低，目前科学家们正在努力解决这一难题。

大家在使用微信时可能有所体会了，最初我们语音输入的识别率很低，但近几年，语音输入的识别率已有很大提高，而且我们可以将聊天中的语音信息转换成文字信息，即使有一定的方言口音存在，也可较准确地识别出内容。

目前，谷歌的 Gboard 和微软的 Word Flow 等都已推出语音输入功能。国内的语音输入法也不甘落后，搜狗输入法、讯飞输入法和百度推出的 TalkType 输入法，都能够达到 90% 以上的识别率，并且在识别速度和长文本识别上都有较好的表现，甚至有输入法可以提供说中文自动打出英文的直译功能。凭借着如此之高的识别率，很多人开始用语音输入法来代替手写输入，我们大部分人打字时使用的是拼音输入法，在同音的字里找我们想要的字也需要花费一些时间。语音输入法凭借其超过 90% 甚至 95% 的识别率，成功赢取了一部分人的"芳心"。相信随着语音识别率的提高，会有更多人使用语音输入法，解放我们的双手。

语音识别

有时我们对着计算机说话时并不是为了打字，而是进行一些相应的操作。这时仅靠语音输入法是远远不够的，我们还需要计算机听觉的另一项应用——语音识别。

苹果公司的 Siri 软件是典型的语音识别软件，通过 Siri 我们可以和手机进行简单交流，例如对着手机说"给妈妈打电话"，手机便可自动拨号；跟手机说"设置明天早晨 6 点半的闹钟"，手机就可以自动设置闹钟；如果要打开某一个软件，也只需要告诉手机打开某某软件也就可以办到，这确实给我们生活带来了巨大的便利。

但 Siri 还是存在一定的缺陷，如 Siri 经常无法完成我们的某些指令。在 Siri 刚刚投入应用时，有时我们呼唤 Siri 并不是想让它执行某项任务，而是我们想找手机说话。而如果真的要想让手机完成我们的某项指令，有时往往得到的是一场与手机的争吵，让人哭笑不得。

语音识别之所以困难，是因为语音识别不仅需要听见我们说的话，还要理解我们所说的内容。由于我们每个人的说话方式存在一定差异，最初语音识别只好被设计为听到某个特定的词时执行某项任务，例如，当我们想给小明打电话时，我们需要对手机说"呼叫小明"。"呼叫"这个词就是那个特定的词，如果我们所使用的语句是"给小明打电话"，手机可能就无法识别。后来，科学家在词库中又添加了一些词汇，以满足不同人的需求。但是众口难调，很难将所有人的说话习惯都考虑在内。因此神经网络又被应用到语音识别领域，通过神经网络的训练，让计算机能够不断学习、了解使用者的习惯，从而更好地为使用者服务。

语音识别除了可以应用于手机和电脑中的语音助手，在智能家居领域也有重要应用。2014 年 11 月，亚马逊公司推出了一款名为 Echo 的智能音箱。这款音箱加入了语音识别功能，使得其功能远超出一个普通音箱。如果说给空调、电冰箱加上语音识别技术，大家可能会觉得很平常，因为这些家电在工作时产生的噪音很小，对我们的指令干扰也相对较低。但音箱在工作时会不停地播放音乐或发出其他声音，这需要音箱具有非常强的抗噪音干扰能力，才能够从复杂的声音中识别出我们的指令。不管音箱播放音乐时的音量有多大，只要你说一声"ALEXA"，Echo音箱都能快速识别并做出反应。

Echo音箱的功能不限于播放音乐，我们还可以向它询问新闻、天气、体育赛事等情况，除此之外，当我们需要搜索其他东西时，它能够依靠亚

马逊的云服务，自动上网搜索我们需要的内容，并给告诉我们搜索结果。如果我们想要买东西，也可以直接告诉Echo音箱，让它帮我们下订单。如果家里使用的是能与它关联的照明设备，还可以通过音箱来调控光照的明暗。

Echo的核心是ALEXA语音助手，我们的语音指令都是通过"ALEXA"来执行的。因为在Echo音箱中的优异表现，ALEXA也被应用于电视、冰箱、洗衣机、汽车以及家用机器人中。2017年7月5日，阿里巴巴的人工智能实验室也推出一款名为天猫精灵X1的智能音箱，这款音箱在支持海量音乐库的同时也支持智能家居控制、声纹购物等功能。用户在使用这款音箱时，音箱也能够了解使用者的习惯，从而更好地为"主人"服务。

除此之外，谷歌、苹果、科大讯飞、百度等多家科技公司也开始向智能家居领域迈出脚步。你可以在晚上睡觉前告诉家电第二天早上它们需要做的事情；当在电视上看到电视剧中某一款喜爱的冰箱时，我们只需要对电视说"在网上帮我搜一搜画面中的同款电冰箱。"就能找到心仪的家电。当家用电器及其他家具都具有了智能，一个万物互联的时代才真正来临。

🔓 与人类听觉的差距

尽管在计算机听觉领域已有如此重大的突破，但计算机听觉与人类听觉还是存在巨大差

距，例如我们能够在嘈杂的人群中选择性地听自己想听的声音，而具有语音识别功能的 Echo 音箱虽然能在播放音乐时识别出"ALEXA"的唤醒指令，但它的过滤功能主要是滤去自己所发的声音干扰，如果存在其他干扰源，其识别效果就会有所降低。另外，语音识别技术对语义的识别能力也很弱，我们能从别人的话语中领悟深层的含义，例如我们的父母可能用"这件事干得可真好啊？"这样的话语来反讽、批评我们。听到这样的话，我们很容易就能听出这句话背后的意思，从而吓得不敢吭声或意识到自身错误。但如果是计算机听见了这样的话，可能只会天真地回答"谢谢夸奖"。因此，语音识别还有很大的发展空间，对语音识别的发展我们将拭目以待。

5.4 无"触"不在

　　如果要列举我们的感官，触觉可能是最容易被遗忘的一个。而实际上，触觉也在我们的生活中扮演着重要的角色。在炎炎夏日，我们看见一个冰激凌小摊，于是便想购买一份这夏日的清凉。老板拿起一个甜筒，向里面注满冰激凌后轻轻递给我们，我们小心地接过甜筒。

　　大家有没有想过，我们人类为什么都能用恰到好处的力度拿起甜筒而没有捏碎它呢？这是触觉起到的作用，我们能够通过手指上的触觉感受器知道自己的手指施加了多大的力气，从而能够控制好力度。当我们去商场购买衣服的时候，我们往往只需要用手轻轻摸一摸，就能确定衣服的材料是纯棉的、腈纶的还是丝绸的，这也是手上的触觉感受器在起作用。养猫人士会亲切地抚摸猫咪的头和背部，通过这种方式建立感情，减轻压力，这也是触觉在起作用。可见，触觉在我们的生活中无处不在，并且给我们的生活带来了极大的便利。

🔓 计算机如何实现触觉

2015 年 9 月，苹果发布的 iPhone 6s 将一个新概念引入了智能手机领域，那就是 3D Touch。3D Touch 能够根据人们按压屏幕时的力度而作出不同的反应，这便是典型的计算机触觉的应用，计算机触觉技术由此被带到人们的眼前。

计算机触觉主要是通过压力传感器实现的。这些压力传感器就像我们皮肤中的触觉感受器一样，将压力信号传递给计算机。其实早在苹果发布 3D Touch 技术之前，压力传感器就已经被广泛应用了。在探索深海的深潜器上就有大量的压力传感器，它们一刻不停地搜集压力数据，一旦压力超过阈值就会发出警报，以保证深潜器内的操作人员及设备本身的安全；汽车制造商在对生产的汽车进行碰撞测试时，会在车内的假人身上贴满压力传感器以获取碰撞时的压力数据，分析车辆能够在意外发生时保护车内人员的安全。除此之外，在日常生活中压力传感器也无处不在，例如运动手环通过压力传感器来监测脉搏，在我们运动时提醒我们不要运动过度，在我们睡觉时记录下我们的睡眠状况，并提出改善意见。可见，计算机触觉已悄然在我们的生活中扮演着重要的角色了。

🔓 机器的皮肤

在医疗领域，计算机触觉能够给医生带来极大的便利，从而提供更好的医疗诊断服务。例如，玛格丽特·玛吉奥等人研制了一种专门用于给医学院学生训练的系统，这个系统综合了视觉、听觉、触觉等多种感官。这个系统会记录下真实的探针触碰牙齿损坏组织时的触感，之后在学生训练时，就能够亲手体验到正常组织和坏死组织之间触感的差别。

计算机触觉能够更好地为医生提供模拟手术环境，从而大大增加手术的成功率。斯坦福医学院的医生尼古拉斯·布雷文思经常进行耳部的手术，他需要靠手部灵敏的感觉，才能将耳朵内精细的结构剥离开来。他与机器人专家合作，共同开发了一款能够虚拟体验到耳朵软骨、骨骼和软组织之间细微差别的虚拟手术程序。通过这个程序，医生们就可以在手术前进行虚拟操作，从而大大增加手术的成功率。

通过计算机触觉和其他感觉，科学家能够赋予计算机和人类皮肤近似的机器皮肤。通过传感器记录其所处环境的感觉信息，并同步到实验室的仪器设备中，让人可以直接感受这种环境，这对于模拟人类在太空中皮肤的变化至关重要，因此对人类探索太空、建立新的太空基地过程中有重大的意义。

在深海探测中，一旦发现一些新鲜的海洋生物样本，操作员会通过水下机器人的机器臂抓取这些生物以供科学研究。但是在采样过程中，操作员并不知道机器臂究竟施加了多大的力，因此常常会因用力过大造成海洋生物体的破损，这一现象在采集深海动物样本时十分常见。科学家希望能够通过感觉同步技术，将深海探测机器人机械臂抓取样品时的触觉直接传递给操作员，从而使得操作员更好地采集海底生物样本，获取珍贵的科学数据。这种被称为"力反馈"的技术正在从实验室的研究开始逐步走入我们的生活应用。

🔒 抓握能力接近人类

工业机器人在生产方面已经有了十分广泛的应用。尽管工业机器人极大地提高了工业生产的效率，但由于工业机器人往往十分"死板"，每年都会造成几起致人受伤甚至死亡的事故。如果能够让这些机器人在接触到人体的时候放缓或者停止自己的动作，那么就可以避免这样的悲剧发生。美国的反思机器人（Rethink Robotics）公司和丹麦的优傲机器人（Universal Robots）公司联合推出了一款工业机器人——弹性机器人。这种工业机器人在工作时一旦与人类接触便会立刻感知，并且放缓动作，从而避免造成人员伤亡。

在机器人抓握领域，计算机触觉扮演着重要的角色。美国布朗大学的科学家为提高机器人的抓握能力，搜集了多种物体的视觉信息，机器人根据看到物体的视觉信息，就能够判断该用多大的力气抓握。这种方法能够较好地改善机器人抓握生活中常见物品的能力，但这种方法也有自身的缺点。首先，这种方法需要搜集大量的图像信息。另外，机器人的应变能力相对较差，一旦碰到生活中不常见的或是外形类似的物体，则可能选择错误的抓握力度，从而造成麻烦。2016 年，谷歌公司进行了一项新的抓握能力实验，他们将计算机视觉、计算机触觉以及神经网络相结合，让机器人在 80 万次抓握过程中不断学习和改进它们的抓握能力。尽管这种方式需要大量的实验来让机器人得到训练，但在不断的学习之后，机器人能够拥有更好的应变能力，能够自动调整抓握时的力度，这使得机器人的抓握能力更加接近人类的水平。

《自然》（Nature）杂志上的一篇研究文章指出，人类手指的触觉感受器能够感受到 13 纳米尺度的凸起，这种大自然所创造的精巧结构即使最灵敏的触觉感受器也很难企及。在某些领域，计算机在智力和运算水平上能够轻松达到人类的水平，甚至非常有可能超越人类的水平。但是在视觉、听觉、触觉等感官的运用上，它们远不及一个两三岁儿童的水平。尽管科学家们在计算机的各项感官领域都已取得重大进展，但未来仍有很长的路要走。也期待我们的读者可以在未来解决这个综合智能的难题。

大脑是人体中最为重要的器官之一。如果一个人的心脏停止了跳动，但没有脑死亡，往往还有被救活的可能性。因此可以说大脑是一个人最核心的部位。5.1 节 ~5.4 节向大家介绍了人工智能的各种感官，而在这些感官的背后，也需要一颗大脑来对众多的数据进行处理，对人工智能来说，这个大脑就是 CPU。图 5-7 描述了生活中一个常见的例子。

图 5-7　购买电脑和手机时要考虑的问题

🔓 计算机真的比人脑快吗

大脑对于人类来说至关重要，CPU 对于计算机来说也是一样。为了让计算机拥有更快

　　在看 CPU 的参数时,你常常会看到"主频 2.5GHz"的字样,这是什么意思呢? 2.5GHz 意味着每秒运行 25 亿次。这一数字越高, 就表示电脑的运算速度越快。因此我们在选择处理器的时候往往会选主频高的处理器。

的运算速度,科学家们投入了大量的精力。

　　1971 年,世界第一款 CPU——英特尔公司生产的 4004 微处理器诞生,它的运行速度为 8MHz(每秒运行 800 万次)。经过不到半个世纪的发展,计算机处理器的运行速度已达 3GHz(每秒运行 30 亿次),这几乎是英特尔 4004 微处理器运算速度的 300 倍。

　　每秒 30 亿次的运算速度看上去非常快,但实际上这样的运算速度还是远不能和人类的大脑相媲美。例如,谷歌公司推出了一款用于识别图像的人工智能,若使用每秒 30 亿次的 CPU,它们在看到图 5-8 之后还需要反应很长一段时间,才能简单地识别出图片中有两幢建筑物,中间有一棵树。

图 5-8　谷歌用于人工智能图像识别的图片

而我们仅需瞥上一眼，就能够说出图片中的物体，还能发现路面上有积雪，树木的叶子都已落光，所以此时是冬天；而左边的房顶被闪电击中，冬天打雷说明这个冬天一定会非常寒冷。谷歌的人工智能在识别这张图片的时候是"全身心"投入，而我们则可能在看这幅图片的时候还在和朋友们聊着天，计划着下一顿饭去哪里吃，却仍能从图中提取更多信息。从这个简单的例子中我们就能够看出，人脑的运算能力实际上是非常惊人的。人脑的运算能力有多快呢？这一数字无法被确切地测量。

🔓 超级计算机

　　人类大脑的运算速度比普通计算机快了上千万倍。但科学家们并没有望洋兴叹，而是朝着达到人脑的运算速度这一宏伟目标不断努力尝试，超级计算机开始出现。超级计算机的运算速度远远超过了普通计算机。2008 年以来，超级计算机的运算速度就已经达到了每秒钟1000 万亿次，其中包括中国的"天河一号"。

　　2011 年，日本的超级计算机"京"以其最高运算速度 1.13 亿亿次将超级计算机的运算速度提升到"亿亿级"。2012 年，美国克雷公司与能源部联合研制出超级计算机"泰坦"，其理论峰值运算速度高达 2.70 亿亿次（实际测试速度为 1.76 亿亿次）；中国也于 2013 年成功研制"天河二号"超级计算机（见图 5-9），其浮点运算速度达到了每秒 3.39 亿亿次，凭借这一速度，"天河二号"在超级计算机的榜单上连续 3 年排名第一。

　　2016 年，中国制造了一台震惊世界的超级计算机"神威·太湖

图 5-9 "天河二号"

之光",如图5-10所示。"神威·太湖之光"能以每秒9.30亿亿次的速度进行持续计算,而其峰值计算速度已突破10亿亿次(达12.54亿亿次/秒),再一次将计算机的运行速度提升了一个数量级。值得一提的是,"神威·太湖之光"的核心处理器实现了全部国产化,让人们见识到了中国的计算机芯片设计和制造水平。2020年,中国的量子计算原型机"九章"问世。目前世界上最快的超级计算机需用6亿年求解的数学算法高斯玻色取样,"九章"仅用200秒就能求解。这一突破使我国成为全球第二个实现"量子优越性"的国家。

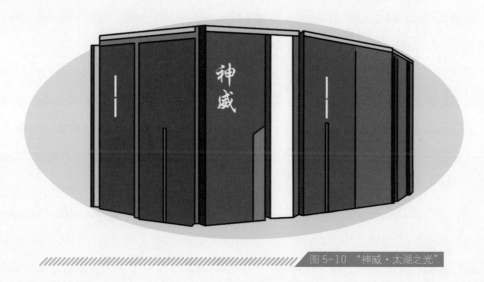

图 5-10 "神威·太湖之光"

超级计算机因其超快的运算速度被应用在众多领域。2017年7月6日,我国的"人造太阳"创造了连续运行的新纪录,突破了100秒大关。在高能物理领域,各种模型的建立需要引入大量的参数,因此计算量十分巨大,往往为了进行一次运算需要等待几天甚至更长时间。而在物理海洋方面,模拟某个海区局部的洋流往往也需要等待几天,要想模拟较大海域的洋流情况或者是计算洋流和其他生态因子之间的耦合模型,用运算能力更快的服务器也需要等上一两个月的时间。

那么可以想象,一旦模型设计中有一个步骤错误,对于我们自身的时间以及服务器资源来说都是极大的浪费。超级计算机的运算速度比普通计算机和服务器高出几个数量级,可以大大缩短这一时间,原本为了模拟整个渤海的洋流需要等待一年的时间,而现在仅需泡一杯咖啡的时间，结果就已出现在我们的眼前。

除此之外，在飞行器设计、地质勘探以及气候变化等需要巨大计算量的领域，超级计算机都可以大显身手，为科研和工业生产带来巨大的便利。

 ## "电老虎"

超级计算机们以令人瞠目结舌的运算速度直逼人脑的运算速度，在各个领域都能够发挥重要作用，但在超级计算机这天文数字般的运算速度背后也存在一些缺点。

这些超级计算机往往都是名副其实的"电老虎"。例如日本的"京"超级计算机，每小时耗电量足够10000个日本家庭使用一年；"天河二号"超级计算机每天耗电量高达80万度以上，每天的电费就要40万~60万元；运算速度远超"天河二号"的"神威·太湖之光"的耗电量仅为"天河二号"的一半，每天耗电40万度。虽然"神威·太湖之光"更加"节能"，但电费依旧让人叹为观止。

此外，超级计算机往往部件众多，且非常精密，需要特殊的机房来安放，"神威·太湖之光"的机房占地面积达到1000平方米。"天河二号"在运行过程中会产生大量热量，因此除了需要巨大的机房之外，还需要一个专门的冷却水供应系统为其输送冷水，以降低机房的温度。

相比之下，我们的大脑就显得非常小巧和高效。我们的大脑不需要什么特制的机房，也没有如此巨大的能耗，仅靠我们每天吃下的食物，就可以驱动这台"超级机器"。

但我们还是可以对未来保持非常乐观的态度。如图5-11所示，自20世纪70年代以来，超级计算机一直呈指数级发展，相信在不久的将来超级计算机的运算速度就会远超过我们的想象。1976年，超级计算机Cray-1占地面积巨大，且运算速度仅每秒2.5亿次（0.25GHz）。而现在的笔记本电脑和手机虽然身形小巧，却能够装下一个运算速度在Cray-1超级计算机10倍以上的处理器。也许很快我们也能够将"神威·太湖之光"这样的超级计算机装进口袋。

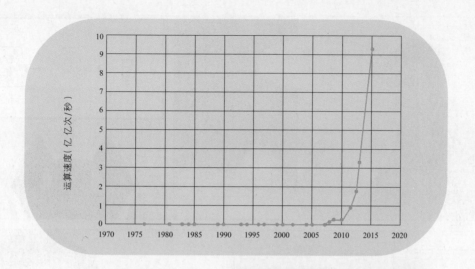

图 5-11　超级计算机运算速度呈指数发展

6

未来新世界

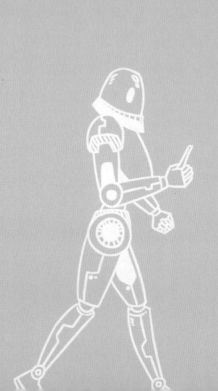

当今社会，网购已经成为我们生活中不可或缺的一部分。当我们想要某一样商品时，我们就会打开计算机的浏览器，打开电商网站，在里面选购自己喜爱的商品。在经过一系列的选择对比，凑单包邮之后，就得到了一购物车的必需品和非必需品。付款之后，我们就在家里期盼着早点见到我们购买的商品。在物流发达的今天，即使发货的商家在距离我们2000千米外的城市，最多等上个三五天，商品就能送达我们的手中。如果购买的商品在我们的城市周围发货，甚至能够做到上午付款，下午就送达。网购可以说是现代社会中再普通不过的一件事情了，对于我们消费者来说，这只是点点鼠标的事情而已。那么你是否知道，从你付完款到拿到商品的这一段时间里，商品都经历了些什么呢？

图6-1是一个完整的传统物流案例，展示了传统物流如何将货物送至网购人的手中。假设你在网上购买了一盒文具，网站将首先把订单分配到距离你最近的仓库中。这个仓库中存放了无数货物，为了便于拣货，货物按照一定的顺序排列（例如按照商品名称的首字母顺序排列）。于是拣货员走到 W 开头的货架，找到文具。这盒文具继而被送往发货区贴上标签，开始运送至你的手中。

这一过程对于动动手指就能等待货物运送到家的网购者而言非常简单，但拣货员来说则是一项枯燥且考验准确性的工作。

假设你住在深圳，在某电商平台上购买了一盒文具。

您有一个新订单

深圳仓库

首先，电商平台会将这个订单分配到距离你最近的仓库中。

拣货员根据你的订单从货架上取下你要的文具。

打包区

为了提高拣货效率，拣货员会一次性将 20 张订单上的商品拣选出来并分别打包。

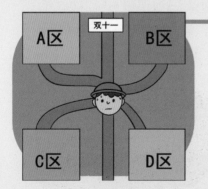

双十一

打包完毕之后，这些货物就会被送往发货区，贴上标签，开始运向你的手中。这个过程看似简单，但实际上对分拣员来说，这是一项非常辛苦而又枯燥的工作。仓库的拣货员每天需要不断重复从 A 货架到 Z 货架的过程，平均下来每天需要步行大约 20 千米的路程，而在购物的高峰期，比如"双十一"购物节以及春节前的年货大采购时期，分拣员几乎每天要走一个马拉松的路程。

而在拣货过程中，分拣员又要保证拣货的准确性，这对于他们来说无疑是体力和脑力的双重挑战。

图 6-1　传统物流案例

幸运的是，我们已经进入了人工智能时代，这种辛苦而又机械性的工作，完全可以让机器人来替我们完成，而完成这项任务的主人公就是我们要介绍的物流机器人（见图6-2）。

2017年春节，一个新闻视频广为流传，画面中是申通公司的物流机器人来回穿梭着传送货物，忙碌中却井然有序。在电量过低时，这些机器人还能自己找到充电桩，插上电源充

图6-2 物流机器人

个电，之后又继续投奔到传送快递的工作之中。网友们纷纷表示被这些小机器人"萌到了"，不过也有人担忧，这些机器人可以不知疲倦地工作，人类快递员以后会不会被这些小家伙抢走饭碗呢？虽然存在一定争议，但是由于物流行业是劳动密集型市场，随着人工成本上升，以及对工作效率的要求提升，使得物流行业对机器人的需求与日俱增，物流机器人产品的技术也在迅速提升。那么常见的物流机器人有哪些？它们都有什么技能呢？

🔓 仓库里的搬运工

在物流机器人中，最出名的可能要数亚马逊公司的Kiva机器人了（见图6-3）。2012年，亚马逊公司花费7.75亿美元收购了一款仓储物流机器人Kiva，并于2015年更名为"亚马逊机器人"；但许多人已对Kiva的名字耳熟能详。尽管亚马逊为其耗费了巨资，但Kiva机器人以其优秀的性能予以回报。这款机器人使得亚马逊的仓储自动化取得了巨大的进展，在购买后不到两年，亚马逊就在10个配送中心部署了15000台亚马逊机器人。如今亚马逊机器人的物流机器人家族日益庞大，包括新一代机器人Hercules、Pegasus等，设计都与Kiva大同小异，只是功能更加强大。

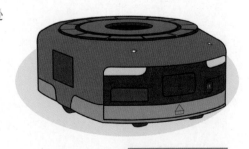

图6-3 Kiva机器人

那么 Kiva 机器人究竟有什么样的能力呢？如前所述，一个分拣员每天要走大约 20 千米的路程才能完成每天的分拣任务，而 Kiva 机器人采用的是另一种完全不同的设计思路：分拣员不再需要来来回回穿梭于货架间寻找物品，而是让装着对应物品的货架自己跑到分拣员面前，并且每当货架到位，就会有一束激光照在需要被挑选的商品上，分拣员只需要将这个带着光点的物品拿出来，扫码确认，然后打包装好即可完成任务。这使得分拣员的工作量大大降低。但货架究竟是怎样移动的呢？没错，就是靠 Kiva。

别看 Kiva 长得像一个扫地机器人的样子很不起眼，但它实际上是一个大力士。Kiva 能够举起超过 300 千克的货架，再按照规划好的路线快速将货架搬运到分拣员面前，如果前面已经有其他举着货架的 Kiva 机器人，那么这台 Kiva 就会毫无怨言地举着货架按次序排队。通过这种方式，分拣员每天几乎不需要挪步，就能够完成更多的工作，这对于分拣员和公司来说无疑都是很有吸引力的。

你可能会想，让这些小机器人扛着那么重的货架跑来跑去，效率会变得更高吗？就像人们常说的"闷声发大财"那样，亚马逊公司自身不愿意透露 Kiva 给他们带来的实际效益，但从蒙特利尔供应链咨询公司（MWPVL International）提供的数据能够看出，亚马逊在配置 Kiva 后，每件商品的物流成本降低了 21 美分以上。这个数字看起来并不大，但考虑到亚马逊每天要配送成千上万件商品，Kiva 能够为其节省一大笔成本。除此之外，由于在亚马逊的仓库中来来往往的已经不再是人而是货架，因此亚马逊每年又能够节省上亿美元的员工工资支出。综合这些因素看，亚马逊收购 Kiva 虽然花费了巨额资金，但绝对是物超所值的。

除了亚马逊的 Kiva，还有很多物流机器人也是采用这种移动货架的方式工作。例如我国的 Geek+ 机器人公司。Geek+ 机器人的设计理念和 Kiva 相似，也是通过让货架移动而不是分拣员移动来提升工作效率。Geek+ 的机器人力气比 Kiva 还要大，能够抬起 500 千克的货架，并且能够扛着这些货架以每秒 1.5 米的速度快速穿梭于仓库之间。为了确保安全，一旦这些机器人的行进方向上出现人类，Geek+ 会在安全距离外开始刹车。Geek+ 也和 Kiva 一样，能够在电量低时自己找到充电桩，调整好自己的位置插上插头充电。休息几分钟后，它们就又"容光焕发"地重新投入到繁忙的工作中，几乎可以 24 小时工作，这是人类的分拣员们所无法比拟的。Geek+大大提升了仓库的工作效率，在国内获得众多公司的认可，与各大电商以及速运公司达成合作。对商家们来说，这种物流机器人的应用能够让他们降低物流成本，而对我们普通人来说，这不仅意味着我们需要支付的运费可能也会降低，另外由于物流效率的提高，我们也可能更快地收到购买的商品。

🔓 不知疲倦的分拣工

前面介绍的是为人类搬运货架的机器人，最终分拣商品的工作还是由人类完成的。为了拿货架上的一样商品，就把整个货架搬来。这就像你想看书架上的一本书，你不是自己走过去挑选，而是让机器人把整个书架搬到你面前，这种行为听起来有些愚蠢。因此，有机器人厂商想到了另一种思路，就是让机器人来完成商品的分拣。

例 9：具有分拣能力的机器人

美国 Fetch Robotics 公司生产的 Fetch机器人就是一款能够实现这种分拣能力的机器人（见图 6-4）。它有一双能看到货架上商品的眼睛，还有一条具有 7 个自由度的灵活度不亚于人类手臂的机械臂。在收到订单之后，Fetch 根据导航快速移到货架前，在货架前提取订单上的商品。同时，在 Fetch 机器人取商品时，它的搭档Freight 机器人会快速来到身边。Fetch 将商品放进 Freight 的篮子中，Freight 在装满之后或是装完一个订单的商品之后就会自

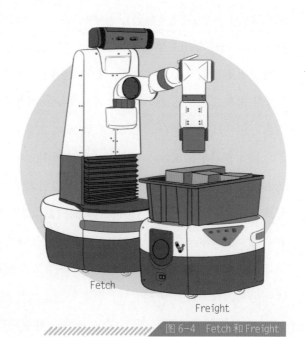

Fetch

Freight

图 6-4　Fetch 和 Freight

已扛着这个商品去打包处，此时另一台 Freight 就会快速来到 Fetch 身边，接替上一个 Freight 的工作。这种由机器人去货架上取商品的方式可能与我们想象中的物流机器人形象更为接近一些。

　　Fetch 身高不高，只有 1.1 米，但为了够到较高货架上的东西，它能够"长高"到 1.49 米，再加上 60 厘米长的机械臂，Fetch 能够轻松取到最高层货架上的商品。Fetch 的这种分拣能力使其应用更为广泛，不仅可以在物流行业大显身手，在零售业以及生产线上也有很好的应用。当然，Freight 也能够在其他方面有所应用；例如 Fetch Robotics 公司构想在人们去超市采购时，能够通过手机 App 连接 Freight，在人们购物时，Freight 能够跟随在他们身边；在结账时，Freight 也能先行一步到收银台结账，优化人们的购物体验。目前 Fetch 和 Freight 还并未像 Kiva 那样被普遍应用，但 Fetch Robotics 公司已获取了 2000 多万美元的融资，并且已经开始服务于物流以及工业生产，相信很快这种机器人就能开始改变我们的生活。

　　除了 Fetch 机器人之外，还有一些公司也想出了其他的方案，例如瑞士的瑞仕格（Swisslog）公司，他们的思路就是将所有的商品存放在一种立方体网格架中，在按照订单提取商品时，瑞仕格公司的 Click & Pick 系统（我们就简称为"CP"吧）能够准确地从这个特殊的货架中拿出商品，即使商品在货架的底部，CP 也能先移开上面的货架，拿到商品后再将货架摆放回原位。这种机器人一小时能够处理 1000 张订单，相当于 4~5 个人类分拣员的工作效率。这一分拣系统已经在中国、美国、英国和澳大利亚等国家的零售业、电商、制药业等多个行业中得到了应用。

　　从分拣机器人的应用我们可以看出，现在的电商仓库已经开始追求以更少的人力来实现更大的价值。事实上在分拣、包装以及出库前的运输方面，我们都已经具备了能够替代人类的物流机器人，尽管这一体系可能还不够完善，但相信在技术发达的时代，一个完全没有人类员工的电商仓库很快就会出现。

　　除了仓库，物流机器人在我们熟知的快递行业也开始显示出巨大的优势。在网购已成为日常生活一部分的今天。每个城市每天都会有大量的快递进进出出，在一些网店比较集中的区域，例如浙江义乌这个以零售业闻名全国的城市，它的网店数量在全国也数一数二，而它每天产生的快递数量也是极其惊人的，每天收到几十万甚至上百万件快递都是常事。如此众多的快递需要发往全国各地的 200 多个市以及转运中心，如果采用传统的人工分拣，除去效率较低不说，分拣工人每天需要查看无数个快件上写的目的地城市，在经过长时间的分拣之后难免产生视觉疲劳，从而出现差错。

申通快递公司在义乌的分拨中心引入了一款物流机器人，用来代替传统人工分拣的大部分工作，由于它们顶部的托盘是黄色的，所以又被员工们戏称为"小黄人"（见图 6-5）。分拣工人们不再需要对着快递上的目的地看得头昏眼花，只需要将快递放在"小黄人"的托盘上，将贴有条形码的一面朝上，他们的工作就完成了。"小黄人"在拿到快递之后，会经过一个扫描条形码的"大门"，门上的扫码器能够不受条形码位置的影响，只要条形码出现在视野中，就能在一秒之内扫描出条形码中的信息，读取这个快递的目的地，并为运送这个快件的"小黄人"规划最佳路线。虽然经过这个"大门"的时间不会超过 2 秒，但是这个时间内已经完成了图像识别、大数据处理以及路

图 6-5 申通"小黄人"

径规划等方面的内容，可以说是对我们前面介绍的各项人工智能技术的综合应用。在得到了去往目的地的最佳路线后，"小黄人"以每秒 3 米的速度"一路小跑"到达指定区域，掀起头上的托盘，将快递投放在正确的投放口内。

有了这些"小黄人"的帮助，义乌分拨中心的分拨效率得到了极大的提升。过去，义乌分拨中心每小时能够处理 1.8 万件快递，但是需要 80 个人相互协作。而现在，每小时处理 1.8 万件快递仅仅需要 20 个人，人数足足减少了 75%。仅这一项，这个分拨中心每年就能节省人力成本 300 多万元。这些"小黄人"除了干活效率高之外，它们的出错率也非常低，甚至低于 0.01%，这是人工分拣难以达到的。

物流机器人有这样优秀的性能，电商公司当然也会让物流机器人为他们效力。京东的各

个仓库中，每天会产生无数需要发往全国各地的包裹，这就和快递分拨中心的情况非常相似。因此，京东也引入了这种机器人，大大提升了分拣的效率，也大大降低了出错率。在京东著名的"麻涌机器人分拣中心"，分拣这一流程由原来的 6 个环节减少为 3 个环节，而员工则由原来的 300 人减少到 40 人，但每小时仍能够处理 12000 件货物。这种物流机器人在快递物流行业带来的巨大效益使得越来越多的快递公司都对发展无人化物流产生了兴趣。

但我们上面所说的这些改变，无论是电商的仓库，还是物流的分拨中心，都发生在我们普通人看不见的地方，那么有没有即将出现在我们身边的改变呢？答案是肯定的。

 ## 承包"最后一公里"

近些年，有一个词开始在各个领域中流传开来，叫作"最后一公里"。那么在物流方面，最后一公里也是各大公司们需要解决的一个重要问题。当然这个"一公里"并不是真的指距离上的一公里，而是在整个物流过程的末端部分。有了物流机器人的帮助，我们的快递能够在一天之内就能完成分拣，装车。即使远在千里之外，经过十几个小时的运输之后，这些快递就能被送达我们的城市。但是，在快递到达我们城市之后，我们往往需要等待一天或者更长的时间，而如果你所处的地方是在偏远地区，等上三四天也是有可能的。

对于这"最后一公里"，物流公司有多种应对措施，首先就是利用更好的算法与大数据结合来合理安排配送员的送货路径，使得配送员能够在单位时间内配送更多的快件。但是这种方案存在一些问题，例如让配送员进行配送需要投入大量的人力成本，而且还会受到恶劣天气的影响。因此另一种方案就是让无人车来代替人力。无人车的路径可以通过算法进行优化，并且能够全天候 24 小时运送快递，将快递送到客户手里或是存放在寄存站里。对于让物流机器人送货，大家担心的最多的问题可能是如果物流机器人在路上被盗了怎么办？制造商们也想到了这一点，这些物流机器人往往将快递存放在内部，并且都装有 GPS 定位。一旦有人识图撬开机器人或是有客户企图多拿快递，机器人就会发出报警。并且这些机器人快递员的摄像头也会记录下这些心怀叵测之人的"罪行"。真正的客户们可以凭借扫码或者刷

图 6-6　在送货途中的星舰机器人

脸从机器人手中轻松接过快递。

目前在机器人运送快递方面，中国有多家公司正进行积极尝试，都希望能够成为第一波占领这一市场的人。例如，京东的无人车以及菜鸟的小 G 机器人。除了中国之外，世界各国也在大力研发这种送货机器人。例如，日本株式会社旗下的 ZMP 公司，也研制除了一款名为 CarriRO Delivery 的机器人并开始试运行。英国星舰科技公司（Starship Technologies）公司研制的星舰（Starship）机器人（见图 6-6）也开始在欧洲各国以及美国的几个州试运行。

除了在陆地上跑的机器人，各大公司还把眼光投向了无人机运送快递。尽管无人机已经在工业、科研以及军事众多领域有了应用，但是对普通人来说，我们在生活中对这种设备接触并不多。那么用无人机来配送货物真的可行吗？

早在 2013 年，亚马逊公司就对外公布了用无人机来配送包裹的计划。在 2016 年年底，亚马逊公司实现了首次无人机配送货物。在之后的时间里，亚马逊又进行了多次无人机配送货物的测试，但亚马逊的无人机快递系统测试大部分是在加拿大进行的。在美国，对于无人机的管制十分严格，由于政策的限制，亚马逊公司的这项举措还无法正式实施。但亚马逊对此雄心勃勃，只要政策一开放，无人机送货服务马上就能展开。

亚马逊的无人机主要用于配送在亚马逊仓库周围 16 公里范围内的订单，并且主要针对 2kg 以下的包裹。这个可配送的重量看起来不大，但是据亚马逊的统计，80% 以上的订单商品重量都在这个范围内，所以亚马逊无人机能够满足大部分订单的需求。无人机最快能够在 30 分钟内就将包裹送达，并且在成本上，由无人机运输的成本仅是亚马逊提供"当日达"服务成本的零头，可以说是一项即快捷又节省成本的服务。

中国的顺丰公司也在 2015 年公布了无人机配送计划，和阿里、京东的一些想法类似，这些无人机主要针对的是山区、农村等偏远地区的包裹运输，对于这些区域，无人机的运输成本可能比普通的运输成本更低。尽管无人机送快递的设备以及运行模式大多还在研发以及测试阶段，但这让我们看到了些许未来的影子。未来，我们可能不再从快递员的手中接过快递，而是快递"从天而降"，如图 6-7 所示。

面对人工智能在分拣、运送方面极大的优势，有些物流行业的从业人员感受到了压力。产生这种压力也不无道理，无论是亚马逊的 Kiva、申通的"小黄人"，还是英国的"星舰"，这些机器人都使得公司对员工数量的需求降低了 70%~80%。苏宁的"智慧物流基地"也基本实现了从入库、补货到分拣、分拨的全部无人化管理。一旦这些人工智能技术在更大范围内普及开来，将会有更多的分拣员、快递员面临失业的风险。对此，物流和电商巨头们也并不避讳，承认未来很多快递员们确实会面临失业。

图 6-7 无人机配送

纵观历史，每一次科技进步虽然会伴随着失业潮的出现，但与此同时又催生出了一批新的行业。大家可以问自己，你觉得幼儿园和学校的老师是太多还是不够呢？如果我们把一些基础的工作由机器和人工智能替代的话，可以有更多人进入以人为中心的行业，如教育和医疗。也许在未来一个班上只有 10 个学生，但是有 10 名老师可以做更多个性化的教育。因此在这一次可能由人工智能引发的物流行业失业潮中，究竟是消极地哀叹人工智能抢走了我们的饭碗，饥寒交迫地度过余生，还是在这场剧变的同时不断提升自己的知识和眼界，抓住这一次转型的机遇，决定权掌握在自己手中。

当你走在城市的街道旁，看见来来往往送快递的电动三轮车已消失不见，代替它们的是安静无声地穿梭在你身边的快递无人车时，请不要惊讶。当你收到有包裹的通知，打开门看到的不是快递小哥的身影，而是一个踩着轮子或是长着翅膀的"机器人快递员"时，也请不要惊讶。谁让我们正处在一个巨变的世界中呢？相信人工智能必将给我们的生活带来更多的便利。

6.2 "智"造产业链

在 18 世纪 50 年代末，英国陶瓷大师乔赛亚·韦奇伍德（Josiah Wedgwood）在他的陶瓷工厂实施了一项创造性的变革。在他的工厂中，制陶工们再也不用做出一个完整的陶瓷器件了，因为韦奇伍德将制陶工精细地分为运泥、拉坯、上釉等多个环节的专业工人，这些工人只需要负责其中一个环节即可，而不需要从头到尾参与制作出一件完整的陶瓷器件。大家一定对这种工作模式不陌生，这可以算得上是最早的流水线生产应用。通过这种方式，韦奇伍德的陶瓷工厂效率大幅提升。时隔近半个世纪后的 1913 年，福特公司开创了第一条工业化的生产流水线。流水线生产模式能够大幅节约生产成本，提升工作效率，对于工厂来说，这种生产模式可以带来极大的回报率。靠着流水线，福特公司的"T"型汽车得以大量低成本地生产，在市场上具有强大的竞争优势。

然而对生产线上的普通工人来说，机械地重复同一种工作可谓苦不堪言，而且这种简单机械的工作也很容易被别人取代。20 世纪 50 年代，第一台工业机器人问世，它能够长时间重复同一动作而不会感到疲惫，且相对于人类工人，机器人能够更加精确地执行一些操作，因此机器人在工业生产线上得到了大量应用。随着人工智能技术的发展，这些机器人能够

胜任的工作种类也越来越多，焊接、运输、组装、检视等无所不能，因此在工业生产的各个环节中，机器人都正在逐渐取代人类工人。小到零食早餐的生产工厂，大到飞机坦克的制造工厂，都能见到工业机器人的身影。

🔓 M1 坦克

不管你是不是军事迷，对坦克一定都不陌生。坦克的典型特征就是长长的炮管和六七十吨重的庞大身躯。超过 100mm 的强大火炮配上穿甲弹几乎能够摧毁任何一座堡垒，而厚重的装甲又能够防止坦克自身被敌人的火炮击毁。更可怕的是，虽然坦克重量高达数十吨，但它们在山地、丘陵、城市废墟中都具有所向披靡的机动性。综合这些，坦克无疑是战场上令人闻风丧胆的武器。而 M1 艾布拉姆斯坦克又是美国陆军引以为豪的陆战兵器，是坦克中的佼佼者（见图 6-8）。自从 M1 坦克服役以来，参与了海湾战争、伊拉克战争等众多战争，在战场上摧毁了无数辆敌军的坦克，却从来没有被别的坦克击毁过，可以说这是一款令美国军方引以为豪的坦克。但如果告诉你，在 1993 年以后，美国就再也没有生产过新的 M1 坦克了，你会相信吗？

图 6-8 美国 M1A1 坦克

事实上，在 1993 年之后，新的 M1 主战坦克就全部是由旧坦克拆解、翻新、重组后得到的。因此有人幽默地称 M1 主战坦克是用一堆废物拼凑起来的超级武器。那么，这款坦克究竟与我们要说的工业机器人有什么关系呢？M1 坦克零部件众多，一辆 M1 坦克经过拆解之后，能够拆解成超过 1 万个零件，而如此众多的零件将放在何处储存呢？1992 年，美国军方耗费 2000 万美元为这堆零件造了一个"家"。这个专门用来储存 M1 零件的巨大仓库具有相当于 11 层楼的高度，里面井然有序地存放了 400 万件 M1 坦克的零件。管理这样一个巨大的仓库究竟需要多少人手呢？几十人？几百人？答案是 14 人。这 14 个人会不会为了拿取各种零件整天爬上爬下苦不堪言呢？不会的。每当他们需要某样零件时，工人们只需要下达一个命令，9 台待命的机器人就会行动起来，快速移动到存放对应零件的货架前，从最高 27 米的货架上拿到工人需要的零件，之后再由机器人送到工人手中。这些机器人每天要来来回回拿取大约 1500 个零件。这些坦克零件可不像普通商品那样轻巧，几十斤、上百斤的零件数不胜数，因此，在 20 多米高的货架上拿取这样沉甸甸的货物，还是机器人比较可靠。看到这里，你似乎感到有些眼熟，这不是和我们上一节所说的物流机器人非常类似吗？是的，可以说早在亚马逊使用 Kiva 机器人 20 年前，这个军工厂就已经用上了这种集入库、分拣、运送于一体的智能设备。

巡线机器人

电力是我们日常生活必不可少的能源之一。在这个所有领域都无比依赖电子设备的社会中，如果停电一天，我们的工作、生活将变得无法想象。而源源不断将这些电力从发电厂传递到我们生活的城市中的，就是各种密布在城市及其周边的电线。这些电线中，高压电线能够实现电力的远距离输送，但是由于发电厂距离城市往往较远，并且考虑到高压电线的辐射以及安全问题，这些高压电线往往分布在远离城镇，环境相对恶劣的区域。在这种区域，电线长期暴露在野外，受到持续的机械张力、电气闪络以及材料老化等影响，很容易出现断股、磨损等损伤。如果不及时修复，往往会造成严重的后果，例如令人难以忍受的城市大面积停电。而如果高压电线掉落在地上，则可能危害过往人员的生命安全。因此，对输电线路的巡视检查是十分有必要的，这一过程称为"巡线"。传统的巡线工作主要是靠人力来完成的，但检查这些电线并不是一件容易的事情。一方面，这些高压线可以轻松地跨过河流，而巡视员们却没有长翅膀，翻越山川河流是一件十分辛苦的事情，并且虽然付出了辛苦的劳动，但检查效率却并不高。如果用车辆巡检，虽然能够降低一部分劳动强度，但是会受到地面交通情况的限制，例如在崎岖的山地以及滩涂地区，车辆可能也无能为力。另一方面，传统的巡视精度难以保障。人工巡线主要是靠巡视员的视力，即使配上望远镜，也难免会有所疏漏。同样，直升机巡线能够解决劳动强度的问题，但是除去高成本不说，这种巡线方法很难做到精确检查。因此制造一种可以代替人工的巡线机器人，成为多个国家争相研究的热门领域，如图 6-9 所示。

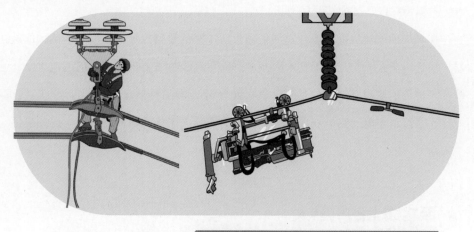

图 6-9 人工巡线以及 LineScout 巡线机器人在工作

1998 年，加拿大魁北克水电研究院研制出了 LineScout 机器人，能够在 735kV（kV 表示电压单位"千伏"）的超高压输电线进行巡线。2008 年，日本东京大学研制出了 Expriner 机器人，这个机器人能够在 500kV 的输电线上巡视，并且配有一个具有 2 个自由度的机械臂。2010 年，韩国电子研究院也研究了检测和清扫高压线绝缘子串的机器人。我国也在不断研发相关技术。1998 年，武汉大学研制出了遥控操作的巡线小车。但通过遥控操作的机器人并不是理想的巡线机器人，机器人最好能够有自主巡线的能力。2006 年，沈阳自动化研究院研制出了遥控和局部自主控制的高压巡线机器人，能够在 500kV 高压线上完成巡检。2012 年，西安交通大学设计了最快每小时能够移动 1.8 千米的三臂式巡线机器人，这个机器人最大爬坡角度能够达到 60 度，并且能够实现自主巡检。

巡线机器人看起来就像是一辆缆车一样，似乎只要顺着高压线移动就行了。但实际上，巡线机器人的结构比较复杂，因为它们要巡视的高压线并不像我们想象的那样平坦，甚至高压线上还遍布着各种各样的障碍，例如绝缘子、悬垂线夹、防振锤等。巡线机器人的视觉系统在发现障碍物后，能够识别出障碍物的类型，并且对于不同的障碍物采用不同的处理方式，从而能够顺利地跨过这些障碍。同时，这些视觉系统以及红外热成像仪等检测装置能够将采集到的图像传递到地面监控的计算机内，在计算机内对这些图像进行自动分析，实现对绝缘子、电线破损情况以及其他情况的分析检查。

对于机器人的能源方面，虽然巡线机器人所巡视的线路内蕴藏丰富的电能，但最初的巡线机器人的处境非常尴尬，由于技术限制，它们在巡线时需要携带笨重的电池供电，这就像是运钞员守护着巨额财富却无法使用一样。2001 年，泰国科学家设计了自给电巡线机器人，通过电流互感器从输电线路上获取感应电流作为机器人工作的电流，解决了巡线机器人的能源供给问题。

🔓 流水线上的机器人

工业机器人除了在制造坦克这样的重型武器上能够发挥重大作用之外，在普通汽车的生产线上，也能见到工业机器人的身影。

例如，宝马公司的生产线上就引入了大量的机器人。这些机器人能够胜任各种汽车的制造工序，在与人类配合的情况下，58 秒就能完成一辆宝马汽车的制造。宝马公司无人工厂的构想令人惊叹，仿佛科幻片中的场景。虽然很多人并不相信这样的工厂在不久的将来就会出现在我们身边，但事实上它们已经开始出现。在辽宁沈阳，一个名为"铁西工厂"的宝马汽车制造厂就是这样一个自动化生产程度极高的汽车工厂。在这个工厂的车身车间，拥有近700台机器人，自动化率高达95%以上。在涂装车间这样可能涉及有毒有害气体的车间，用机器人来代替大部分工人不仅能够提升工作效率，同时也能防止有毒有害气体对工人身体造成伤害。

同样是汽车生产线，特斯拉的工厂中也充斥着先进的机器人设备。而这些设备在正式投入使用之前，需要接受人类的调试、训练。例如焊接机器人，由于一台机器人需要焊接非常多的位置，焊接机器人需要接受较长时间的调试。但机器人在接受调试时并非只能够接受人类的指导，它们能够在接收到人类给予的焊接点位置后，根据算法自动规划出最短的动作路径，从而使得焊接效率最大化。一旦这些机器人完成了调试，在生产时就能够发挥出远超人类的工作效率。在特斯拉的工厂中，忙碌的机器工人占到了工人的绝大多数，一个机器人往往能够完成多种工作。例如，在特斯拉的车身车间中，多任务机器人就能够完成冲压、焊接、铆接、胶合等任务。这比只能完成一种任务的传统机器人具有更大的优势。机器人能够拿起用于点焊的钳子完成点焊工作，之后放下钳子，拿起夹子进行下一项操作，在完成所有的工作后，这个机器臂还能够将已完成的部件移动到下一个机器人处进行后续操作。这样由一个机器人完成多重任务能够极大地提升效率，并且也大大节约了空间，用一台机器人就足以替代三四台机器人。尽管这种机器人的智能程度较高，但由于要处理多项任务，因此还需要不断地接受调整。而人类工人在这种自动化工厂中最主要的任务就是负责监视并改善这些机器人的工作，以及对机器人的工作结果进行检验。

流水线上的机器人给人的印象往往是强大而有力，很多人自然也就认为它们生产出的东西也应该是汽车、飞机或是手机电脑这样的高科技产品。事实上，流水线上的机器人也有很多"亲民"的应用。2017年，一个位于河北秦皇岛的无人饺子生产线的工作视频在网上广为流传。这条饺子生产线从和面、放馅、捏水饺到抓取水饺装盒、塑封、装箱一气呵成，完全不需要人类工人的参与（见图6-10）。在这种生产线的帮助下，这家饺子工厂能够减少90%的工人数量。虽然我们可能吃到的不再是手工水饺了，但这种低成本、高效率生产模式下生产的饺子可能将很快占领市场。

图 6-10　饺子生产线

　　无论是"高大上"的汽车生产线还是"接地气"的饺子生产线，我们都能看到在简单而重复的工作方面，机器有着人类无法超越的优势，无论是 70% 还是 90% 的自动化率，都意味着大量的人类工人可能会面临失业的风险。在这个人工智能开始对我们的生活、生产造成巨大变革的时代，我们每个人都应当成为一个终身学习者，不断学习新时代所需要的各种技能才能更从容地面对各种各样的挑战。

6.3 智慧农业

　　提到农业生产，我们的第一反应可能就是"锄禾日当午，汗滴禾下土"这样的诗句，进而联想到农民伯伯在田间辛勤劳作的场面。

　　而现在，虽然还是可以见到诗句中描述的田间劳作画面，但工业革命带来的成果使得可以进行大规模农业生产的机械化设备成为可能。原本要十几个人花一天时间才能完成的收割工作，大型联合收割机可能只需要一个小时就能完成。机械能够帮助农民完成大量的田间工作。而随着人工智能技术不断发展，人工智能技术在农业上也开始具有了广泛应用。人工智能除了能够在减轻农民们的体力劳动方面提供极大帮助外，还可以为农民们提供专业科学的农业生产指导，进而全方位地提升农业生产水平。因此，将来人工智能可能很快就会使农业生产焕然一新。那么，目前人工智能技术究竟在农业生产上具有哪些应用呢？

🔓 分析土壤、水源和种子

土地的肥力以及不同区域土壤所含营养物质的成分差异较大，因此，种植农作物讲究因地制宜。如果我们想要在砖红土壤中种植水稻或是小麦，那等待我们的绝不会是一场大丰收。所以，在我们辛辛苦苦开发出一片土地想要进行农业生产时，知道这片土地适合种什么样的作物是非常重要的。过去，判断一片土地适合种植什么农作物需要丰富的专业知识。而这样的知识只有经验极其丰富的农民或是学习农业生产相关专业的专家才能掌握。除此之外，对一片土壤的成分进行深入的分析需要进行大量的工作，包括土壤的采样、土样分析以及专家的判断，除了需要涉及大量的专业知识外，还需要耗费较长的时间。

人工神经网络在农业上的应用可以解决这一问题。例如，图 6-11 所示的智能灌溉系统就是人工神经网络的应用之一。利用探地雷达、EM38DD（电磁土壤传感器）等传感器和人工神经网络的学习能力相结合，就能够对土壤进行分类，从而实现土壤类型的快速分析，作出土地肥力、宜栽作物、经济效益等情况的快速评价。这一分析评价能力将随神经网络训练量的提升而提升。除了土壤，水源也是农业生产中极为重要的一环，要想取得高收益，就需要保证有足够的水源来灌溉土地。同时，这个水源还需要足够"安分"，如果提供灌溉水源的河流时不时就泛滥一次，那我们的收成可就没有保障了。在评价水源方面，人工神经网络

该图片由 Pexels 在 Pixabay 上发布

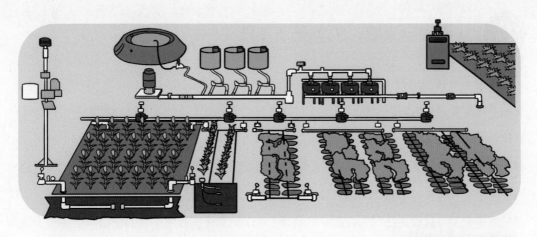

图 6-11　智能灌溉系统

和支持向量机都能够发挥优秀的能力。例如，美国的农业专家们利用人工神经网络对美国科罗拉多州阿肯色河流的流量进行预测，从而为这一区域的灌溉规划提供了参考，并且能够在河流造成洪灾之前就采取应急措施，将农民的损失降到最低。

在 AI 技术的帮助下选定农业生产的区域以及适宜的作物后，就可以开始种植了。虽然我们知道了应该种什么样的作物，但是我们如何判断所拿到的种子究竟是不是想要种植的作物种子呢？对于作物种子的选择，看似简单，事实上比我们想象中的要复杂。普通人可能能够轻易区分出花生、毛豆、黄豆、小麦的种子，但如果是两种不同品种小麦的种子，你是否能够区分出来呢？如果是 10 种不同的小麦种子呢？还能够准确地识别出来吗？在这方面，图像识别技术可以提供帮助。

在前面章节的介绍中，大家已经对图像识别的本领有了基本了解。既然用图像能够识别出不同的人脸，那么它也能够识别出小麦种子的种类。事实上，Zapotoczny 在这方面的研究成果就成功实现了对不同等级的 11 种小麦种子进行区分，准确率高达 100%。在图像识别技术的帮助下，我们就不用担心上当受骗买到假种子了。

从播种到采摘，机器无所不能

选定了要播种的种子，我们终于可以进行播种、插秧了。当然，在人工智能的帮助下，我们不再需要亲自去田间插秧，机器人可以替我们完成插秧工作。现在已经出现了机械化的插秧设备，但这些设备的智能程度并不高。插秧这项工作看似简单，在实际操作中却可能会碰上各种各样的问题。例如，对于一些特殊的植物幼苗，我们在插秧时手握的部位以及植株间的间隔均有讲究。幸运的是，随着技术的发展，机器人已经可以完成这些工作了。它们能够根据视觉找准插秧时抓握的位置，并且根据 3D 深度传感器数据获取植株间的距离，从而实现比人工更为精确的插秧。像我国学者研制出的蝴蝶兰自动插秧机就能够高效地对这种脆弱的幼苗进行插秧。

除了插秧，在除草时，图像识别软件也能够识别出田间杂草的种类，有针对性地选择最佳的除草剂，从而高效地杀死田间的杂草。另外，除草剂自动喷雾系统也能够做到极为精确地控制除草剂的使用量，从而使我们吃到的食物更加绿色健康。除了杀死杂草，在防治害虫方面，图像识别也可以为农民提供提前预警。美国的 IntelinAir 公司提供的智能系统就能根据图像识别，对农作物的病虫害情况以及可能发生的杂草入侵情况进行预报，并给出相应的意见，减少农民可能遭受的损失。这和专家系统的功能较为类似，虽然专家系统早在 1965年就出现了，但这种凝结了大量专业科研人员智慧的专家系统在今天依旧能够在各个领域为人们提供科学的指导。在农业生产领域也不例外，专家系统能够全方位地为我们提出更加合理化的建议，从而增加农业生产者的收入，例如橄榄种植中使用的综合信息系统 SAIFA 以及甜橙施肥的专家系统等，它们能够综合气候地理条件以及种植的作物种类和土壤条件，为农民规划出农药及化肥使用量以及使用时间，从而降低农业的生产成本，提高农作物的质量，为农民带来更多的收益。

在农作物的采摘阶段，新的人工智能技术也能够给农民带来巨大的帮助。虽然在很多作物的收获过程中已经有了大型器械的帮忙，例如玉米和小麦的收割可以采用大型联合收割机，但是对于一些需要精确采摘，或者不能破坏植株的作物采摘上（例如收获果树上的水果），大型器械很难发挥用场。这时，具有精确采摘能力的机器人就能够给农民提供帮助，这些机器人能够在不破坏果树的情况下自动找到水果并快速采摘。例如，美国加利福尼亚州农业机器人公司 Abundant Robotics 上市的一款苹果采摘机器人（见图 6-12），就可以在不破坏果树和苹果的情况下实现自动化的苹果采摘，且每秒钟就能采摘一个苹果，采摘速度丝毫不逊于人类。

图 6-12　Abundant Robotics 的自动摘苹果机器人

在农业生产的全局中，大数据也在为农业生产提供极大的便利。例如，农田中的各种物联网设施能够将农业生产中的实时数据传递到计算机中分析，从而判断何处需要灌溉，何处需要施肥、何处需要除草等，以及灌溉需要多少水、施肥需要多少克何种肥料和除草需要使用何种除草剂等。荷兰的 Connecterra 公司研制了一种奶牛可穿戴的传感器，这种传感器能够时刻搜集奶牛的各项生理数据，并通过算法对这些数据进行分析，对奶牛的健康、发情期、位置进行准确判断，并提供可能的经济效益判断。通过这种方式，不仅农场管理者们能够掌握每一头牛的精确数据，有机农场也不用让挤奶工拿着挤奶工具满牧场找牛了，毕竟要知道，有机农场的奶牛一般为放养状态。

在农产品收获之后，图像识别软件能够对收获的农产品进行检验和分级，例如对收获的大量苹果的外观进行检查，判断苹果的品质。而对于鸡蛋的裂缝检查，计算机视觉也能提供优秀的服务。鸡蛋壳的细微裂缝很容易被肉眼忽略，并且受到鸡蛋表面污垢的影响，人眼检查可能很容易出现漏检，但这些细微裂缝却是细菌污染的重要来源。我国学者发明了一套用于蛋壳裂纹的检测系统，这套系统在测试中能够达到 100% 的检测准确率，且几乎不受鸡蛋表面常见污垢的影响。而对于茶叶中茶黄素的检测，国外学者戈什（Ghosh）研发了一套基于人工神经网络的电子舌设备，这套设备比传统的生化实验方法更加准确快捷，不再受样品制备存储和测量条件的干扰。在这些先进技术的帮助下，对于产品的质量检测也可以实现标准化和数字化，从而为制定统一的标准提供了便利，同时也对普通消费者在挑选农产品时的品质鉴定和检查方面提供了极大便利。

　　农业是人类最为古老的生产活动，人工智能虽然只诞生了半个世纪有余，但这项先进的技术已经开始逐渐改变已经存在了几千年的农业生产面貌。未来的农民们可能不再是我们想象中的面朝黄土背朝天的身影，他们可能不需要像"汗滴禾下土"那样辛勤地耕作，也不再需要"看云识天气"这样凭借丰富经验才能掌握的本领。在智能机器人和先进算法的帮助下，一个优秀的农民可能是掌握了农业与信息科技的专业人士。

6.4 机器医生

也许你曾经在科幻电影中看到过这样一个场面：在一场太空大战中，一个人类太空战士用不知名的激光武器和敌人激烈交战。突然，这名战士不幸中弹受伤，他忍着疼痛，一瘸一拐地爬进一个像是一张床的医疗舱内，按下"治疗"按钮，之后便躺在医疗舱里一动不动。不一会儿，这个医疗舱就开始伸出机械手臂或是放出微型机器人开始治疗，而有些更高级的则是放出某种神秘的光线，在很短的时间里就能将重伤的患者治愈。等舱门再次打开时，这个原本身受重伤的战士又可以拿起武器，精神抖擞地奔赴战场了。你可能会想，要是在现实中我们也能有这样一个医疗舱该有多好，无论伤风感冒还是缺胳膊断腿，只要进这个医疗舱一趟，马上就能生龙活虎。尽管医疗舱距离现实还非常遥远，但好消息是，医疗机器人已经来到了我们身边。

从针砭到机器人手术

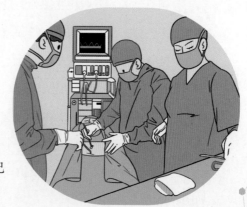

说到现代医院的手术室时，我们脑海中可能出现的是这样的场景：一个穿着绿色手术服的医生站在手术台前聚精会神地操作着，时不时让身边的助手给自己擦汗或是递给自己各种各样的手术工具。

其实手术在很早之前就已经出现了，但最早的手术与现代医院的手术场景相差很大。例如中国的针砭疗法、腹腔穿刺术在 1000 多年前就已应用在临床治疗中。但当时的条件十分简陋，手术后的感染可能会要了患者的性命。随着新药物的发现，手术实施的水平以及可能性也在不断提升。"神医"华佗在使用麻沸散麻醉全身后，病人不用再感受到开膛破肚的痛苦，腹腔和胸腔内更加复杂的手术也得以进行。

随着医疗工具的发展，人们能够完成的手术种类也越来越多，在降低并发症、减轻病人痛苦方面也取得了重大成效。例如，钱伯伦的产钳使得女性生产时的成功率大大提升。后来，又有一些创新性的工具给手术带来了便利，例如带有摄像机的内窥镜。这种腹腔镜能够让医生看见自己的操作过程，这对于实行微创手术具有重大意义。医生们不再需要打开病人的整个肚皮，只需要钻个小孔，将内窥镜和手术工具伸入病人体内即可进行手术操作。随着科技的发展，一些创新性的技术也给医学带来了重大变革，例如，分子生物学技术的发展推动了二代测序以及三代测序技术的发展，这使得医生们能够准确地区分肿瘤的良性和恶性，并且能够判断哪些基因被激活，哪些基因被抑制，在这些精确结果的帮助下，医生能够给出更加准确的诊断结果，降低误诊的概率。

人工智能技术在医疗方面的应用也给医学带来了重大的变革。例如，我们前面所说的图像识别应用于医疗图像分析以及医疗云平台的建立，都大大推动了医疗诊断的进步。除此之外，人工智能技术也为医疗手术带来了巨大的进步。

说到机器人，人们往往想到的是一些工业上的机器人，他们在人们眼中被视为可编程的工业操作机器。早在 1959 年，第一台工业机器人就诞生了，但当时并没有人想过要将这些笨重的机器人应用在医疗方面。

直到 1985 年，工业机器人开始被用来辅助进行医疗检测，人们开始发现机器人可能能够在医疗领域大显身手。DARPA（美国国防部高级研究计划局）也开始将眼光投向了这一领域，他们希望能够在战场上的每一个散兵坑里都配备一个医疗机器人，让它们及时为战场上受伤的士兵提供远程的手术以及护理。这一大胆的想法为现代手术机器人的诞生奠定了基础，如图 6-13 所示。

图 6-13　分子生物学等技术进步也极大促进了医疗诊断水平的提升

🔓 从不颤抖的机械臂

伊索机器人（AESOP）是美国电脑动作公司（Computer Motion）和加利福尼亚大学联合研制的第一个可用于有效护理的商业机械臂（见图 6-14）。这个机械臂具有 6 个自由度，虽然比我们人类手臂的灵活性稍差一些（人类手臂为 7 个自由度），但几乎能够胜任任何手术中的动作要求。伊索机器人也是美国食品药品监督管理局（FDA）批准使用的第一款医疗机器人。

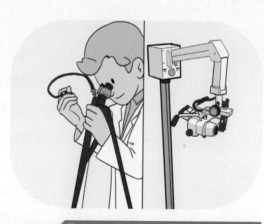

图 6-14　医生手持内窥镜与机械臂内窥镜

在进行一些微创手术时，医生们需要将带有内窥镜的细杆伸入患者的体内，这一动作在过去是由医生完成的。由于人类的手部不可避免地会有些颤抖，这种抖动在杆的另一头将被急剧放大，从而导致杆前端的摄像机大幅度晃动，使得进行其他手术操作的医生头晕目眩，对手术的影响很大。因此，人们就产生了一种想法，既然人类的手部会不由自主地颤抖，那么能否将内窥镜交给一个固定在架子上的机器手臂？

伊索就是这样一个机器人。它灵活的机械臂能够毫不晃动地拿着内窥镜为医生提供清晰图像。医生能够通过语音指令控制内窥镜的移动，例如想让摄像头向左移动，只需要直接告诉伊索"向左"即可。虽然伊索还只是一个机械臂，只能够拿着内窥镜简单地按照医生要求移动，并不具备其他更智能的功能，但伊索的出现以及 FDA（美国食品药品监督管理局）批准伊索的使用为手术机器人的研发带来了极大的鼓舞。

🔓 达芬奇手术机器人

1999 年，电脑动作公司推出一款手术机器人——宙斯机器人，它除了具有伊索机器人控制内窥镜的机械臂外，还具有 2 个额外的、具有 4 个自由度的机械臂。医生能够在操作台上操纵这些机械臂，在这个系统的帮助下，医生完成了包括动脉搭桥、输卵管结扎、盆腔淋巴结清扫等众多手术，可以说这款机器人实际上也是我们今天医院中所使用的先进机器人"达芬奇手术机器人"的前身。

直视外科公司（Intuitive Surgical）在收购了宙斯机器人之后，在其基础上进行改进，并于 1999 年推出了第一款达芬奇（Da Vinci）手术机器人。这款机器人和宙斯机器人十分相似，拥有 3 个机械臂。2000 年 7 月，达芬奇机器人获得 FDA 的批准许可，成为第一台允许临床使用的商业化手术机器人。

2002 年，直视外科公司推出了第二代达芬奇机器人，在第一代基础上增加了一个机械臂，能够实现更多的功能。随后，该公司又对机械臂的灵活性以及内窥镜的图像进行了优化和升级。这对于医生来说意义重大。首先，手术机器人的机械臂能够模拟人类的手臂，拥有从肩部、肘部到手指的灵巧功能，因此医生们在做微创手术时能够更加得心应手；其次，医生看到的图像也不像原来的二维图像，而是更加清晰的三维图像，且通过计算机的处理，内窥镜看到

漫话人工智能

206

的图像能够被放大 10~15 倍，这甚至比医生用肉眼观察还要清楚，极大地方便医生进行细微操作；第三，医生操纵机械臂时，能够做到比自己用手操作更为精确，这种机械臂能够按比例缩小动作幅度，例如，在需要精细操作时候，医生的手臂移动 1 厘米，机械臂只移动 5 毫米或是 1 毫米，这使得手术的精确度大大提升。即使一个医生因为买彩票中了大奖而激动得手部不断颤抖，机器中的算法也能够将这些抖动过滤掉，保障手术的顺利进行。

达芬奇手术机器人虽然是一台十分精密的仪器，但也难免会出现一些故障。它的工作场合比较特殊，在手术过程中机器故障可能会造成非常严重的后果。对此，开发者们给达芬奇机器人上了一套保险，一旦出现故障，它就会停止所有操作。这对于病人的安全来说十分重要，毕竟让机器人停止所有动作总比让机器人拿着可怕的手术刀到处乱舞比较好，如图 6-15 所示。

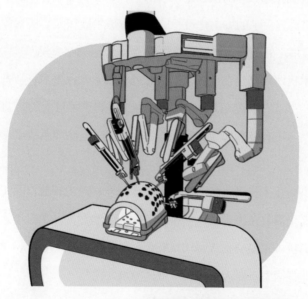

图6-15 达芬奇手术机器人

由于达芬奇手术机器人进行手术时，医生不必在患者身边操作，甚至将操纵台放在手术室外面，医生也仍能为患者做极为精确的手术。这不免让人们联想起前面提及的 DARPA 远程医疗计划。那么医生是否能够通过这个系统为远在千里之外的士兵做手术呢？答案是肯定的。

全球第一例跨越上千公里的手术早在十几年前就已经完成了。早在 2001 年，《自然》（*Nature*）杂志就刊登了一篇文献，报道一位名为雅克·马赫斯克（Jacque Marescaux）的法国医生成功切除了一位病人的胆囊。切除胆囊这样的事情并没有什么大不了，是不足以上《自然》这样的期刊的，但这次手术的不同之处在于这位医生身处于纽约的一个仓库中，而病人在千里之外的巴黎。

由于远程手术的信号传输速度极为重要，因此这次手术依靠的是大西洋底部的光纤以及法国电信公司为其提供的专用通信线路。在大部分情况下，现在的网络很难满足这样的信号传递，一旦手术出现延迟，将可能导致手术出现严重的问题。例如医生移动了机械臂，但机械臂还没有做出及时反馈，而当医生再次向前移动时，可能机械臂就直捣病人的肠子而去了。虽然 2001 年那次远程手术的手术花费相当高昂，并且现有的网络系统还不能达到远程手术的要求，但是这表明远程手术的方案是可行的。在军事领域和太空探索领域，远程手术可能能够挽救千里甚至万里之外的士兵和航天员的生命。

虽然达芬奇手术机器人已经在全球范围内开展了数十万台手术，涉及心胸外科、泌尿外科、妇产科、普外科和头颈外科等领域，给医生和病人都提供了极大的帮助，但它的操作复杂、体型庞大、价格昂贵，还有极高的耗材和保养维修费用，这些因素势必会导致病人要承担高昂的医疗费。

此外，尽管达芬奇手术机器人的各个部件融合了众多人工智能以及工程领域先进的科学成果，但是这台机器仍需要在人类医生的操作下完成。达芬奇手术机器人并不会思考，也不能进行诊断。就像美国国家航空航天局（NASA）常说的那样，"150 磅重的能够通过非技术性劳动大量生产的非直线型机器人中，成本最低的是人类"。

"沃森医生"的十年起伏

在 2011 年 Watson 击败人类选手获得智力游戏冠军后，IBM 就释放出了一个雄心勃勃的信号——人类将会被机器取代。除了"大数据"的概念，IBM 还将医疗领域的人工智能"沃

森医生"（Dr. Watson）推到普通大众的眼前。

那是在 2016 年 8 月，一名日本的居民出现了身体不适，在东京大学医学院进行多次化验和检测之后，医生诊断其患上了急性骨髓性白血病。虽然这种疾病很可怕，但是接受治疗是能够抑制疾病进一步发展的。然而在接受了急性骨髓性白血病的治疗方案几个月后，患者的病情非但没有出现好转，反而发生了恶化。在人类医生们束手无策的情况下，IBM 的人工智能"沃森医生"被请来帮忙。在接收患者的各项检测资料之后，"沃森医生"开始有针对性地检索 2000 万份医学文献以及医学书籍，在 10 分钟之后便给出了诊断结果——这位患者患上的不是急性骨髓性白血病，而是另一种更为复杂且罕见的白血病。在确诊之后，病人得到了正确的治疗方案，"沃森医生"挽救了这名患者的生命。在为这名患者表示庆幸之余，人们也看到了人工智能在医学领域所拥有的巨大应用潜力。当然，有人欢喜有人忧，这一事件也让一些人感到了恐慌，人类医生几个月都不能解决的问题，"沃森医生"只用了 10 分钟就确诊了，而且在短短的 10 分钟里，"沃森医生"查阅的论文数量是人类医生一辈子也看不完的。

"沃森医生"被寄予极高的期望，但是直到 2021 年，它仍未能成为虚拟医生中的"一介

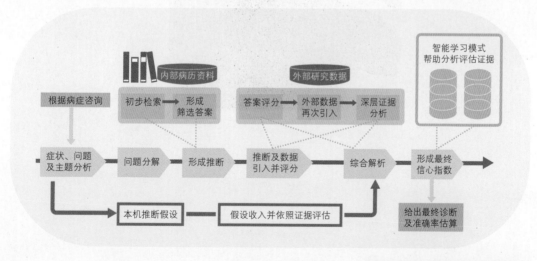

图 6-16 "沃森医生"的诊断过程

名医"，而是面临被 IBM "放弃"的命运。归其原因，与其诊断准确性、数据集和营收等问题相关。尽管如此，"沃森医生"对于医疗人工智能的发展仍具有不可磨灭的意义，如图 6-16 所示。

在 2017 年世界机器人大会上，英国帝国理工大学哈姆林医疗机器人中心的主任杨广中对未来手术机器人的发展做了报告。他认为除了像达芬奇机器人那样庞大的手术机器人系统外，小型手术机器人设备也是另一个发展方向，甚至会出现一些大小仅有几微米甚至几纳米的纳米机器人。如果这种机器人成为现实，那么科幻片中的场景可能真的会走入我们的生活。我们每个人的体内将游走着大量的纳米机器人，时时刻刻为我们清除体内的病原和坏死的组织，使得我们的寿命大幅延长。我们都期待着这一天的到来。

自动驾驶

想象一下，有一天，你和家人乘坐自动驾驶汽车去郊外旅游，家里之前负责开车的那个人不再需要花上几个小时专注于开车了，一切交给自动驾驶来完成，一家人可以一起聊天、欣赏风景，这样的旅途是不是更放松惬意呢？

近几年来，自动驾驶技术受到了普通大众的热烈讨论，是一项非常流行的人工智能技术，这里就为大家详细介绍一下这项技术，让读者提前熟悉这项可能给我们生活带来巨大改变的科技。

自动驾驶汽车又被称为无人驾驶汽车、轮式移动机器人。毕竟自动驾驶汽车不再需要人类驾驶员，所以称其为机器人也并非不可。有些手机公司甚至也开始介入汽车行业，把汽车看成有四个轮子的大手机即可。由于自动驾驶汽车不需要人类驾驶员，因此能够胜任很多人类无法完成或者说无法派人去执行的任务。例如，太空无人车能够帮助人们进行探索月球、火星等太空勘探工作；在人类无法到达或者极其危险

的火山口内部、黑暗的洞穴内，无人机器人也能大显身手。此外，无人机器人在军事领域也应用广泛，被用于侦察、排雷以及在强辐射的环境中执行任务。如果人类士兵在排雷时出现失误，则会丢失宝贵的生命，给家人造成巨大的悲伤。而无人车即使被地雷炸得粉碎也不用担心，毕竟这些车辆和机器人可以再维修、再生产（见

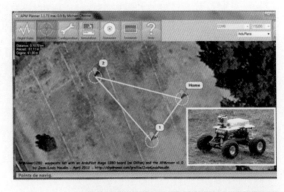

图6-17）。由于自动驾驶汽车有着如此优异的性能，自动驾驶汽车领域的研究也非常火热。

🔓 自动驾驶汽车发展史

其实早在 20 世纪 50 年代，人们就开始了对自动驾驶汽车的研究。1953 年，美国贝瑞特公司研发出第一台自动驾驶车，不过这台"车"实际上是一台牵引式拖拉机，而且它的自动驾驶能力非常有限，只能根据空中架设好的导线行进运送货物。这似乎和没有导线的电车比较类似，与我们今天理解的自动驾驶汽车相去甚远。

20 世纪 80 年代，美国国防部高级研究计划局（DARPA）与美国陆军开展了名为自主地面车辆（AVL）的研究项目，这个项目成功地开发出了一款具有自动驾驶能力的机器人，能够以低速在路况较好的路面上自动行驶。但这种对路面有要求的行驶并不能满足人们的需求，人们希望能制造出在各种路况上都能实现自动驾驶的车辆。

进入 20 世纪 90 年代后，全球范围都开展了对自动驾驶汽车的研究，自动驾驶汽车进入了快速发展期。1994 年，德国的奔驰公司与德国国防大学合作研制出了 VaMP 和 Vita-2 两款自动驾驶汽车，这两款车均能以 130 千米 / 小时的速度在公路上自动行驶 1000 多千米，而 VaMP 的自动驾驶时速最高能够达到 160 千米 / 小时，不仅如此，这两款自动驾驶汽车能够在极少的人为干预下自动驾驶如此长的距离，这无疑是一项巨大的进步。1995 年，卡内基梅

隆大学研制的自动驾驶汽车 NavLab-V 完成了横穿美国东西部的自动驾驶试验，这场测试的路程超过 4000 千米，而整个行驶过程中自动驾驶完成了 98%，人为干预的情况非常少。在后续的测试中，NavLab-V 总共行驶了上万千米的路程，积累了大量的试验数据。

在 2000 年之后，计算机视觉、电子电路、人工智能等技术得到了快速的发展，在这些技术的支持下，自动驾驶汽车也取得了更大的突破。2010 年，意大利帕尔玛大学的智能汽车 ARGO 进行了一场跨越欧亚两个大洲的自动驾驶测试，起点是意大利罗马，终点是中国上海。这次测试耗时超过 3 个月，行驶里程超过 13000 千米，而整个过程仅在收费站以及特殊路况下有极少次人为干预，绝大多数时间为车辆自动驾驶。

在路况较为复杂的城市道路中，德国柏林大学的"德国制造"（Made in Germany）也表现突出，这款名字非常"德国"的汽车在自动驾驶的情况下顺利通过 46 个交通信号灯以及两处环岛，共行进了 20 千米。虽然 20 千米的距离很短，但完成这短短 20 千米路程的自动驾驶难度不亚于实现上万千米的公路行驶。

为了鼓励自动驾驶汽车的研发，各国设置了众多自动驾驶领域的赛事。美国的 DARPA 挑战赛就有针对自动驾驶汽车的比赛项目，2004 年第一届 DARPA 挑战赛的目标为 10 小时穿越超过 200 千米的沙漠地区，但是没有一支队伍能完成。仅在 1 年之后，还是同样的赛事和同样的沙漠，有 4 支队伍完成了比赛。2007 年，第三届 DARPA 挑战赛进一步增加了难度，将环境设定成了城市环境，要求在 6 小时内行驶 97 千米，最终仍有 3 支队伍在完全没有人为干预的情况下完成了比赛（有更多的队伍在少量人为干预情况下完成比赛）。

除了美国的 DARPA 挑战赛，欧洲陆地机器人试验赛（ELROB）也是一项非常重大的无人驾驶机器人（包括自动驾驶汽车与其他种类机器人）比赛，吸引了欧洲的军方、大学以及各大公司极大的参与热情。ELROB 比赛的项目内容涉及自动驾驶、机器人在灾难环境下的救灾能力和无人机器人的作战、侦察、监视以及运输等方面，如图 6-18 所示。

前面我们介绍的主要是欧美国家对自动驾驶汽车的研发历史。中国对于自动驾驶的研究开始得相对较晚，但是研发速度却很快。1980 年，中国开始了自动驾驶汽车的研究立项。1989 年，中国第一辆自动驾驶汽车 ATB-1 在国防科技大学诞生，但这辆小车的行驶速度并不高，仅 21 千米 / 小时。2003 年，国防科技大学研制出红旗 CA7460 自动驾驶汽车。同年，清华大学研制出 THMR-V 自动驾驶汽车，这款汽车能够以 100 千米 / 小时的速度在高速公路上跟踪车道线行驶，而最高时速能达到 150 千米 / 小时。2011 年，国防科技大学在 CA7460 的基础上研制出了红旗 HQ3（见图 6-19），这款自动驾驶汽车在从长沙到武汉的 286 千米高速上首次实现了全程自动驾驶试验，平均时速达到 87 千米 / 小时。一年之后，天津军事交通学院研制的"军交猛狮 3 号"也在高速公路上完成了 114 千米的自动驾驶测试，并且实现多次智能超车、智能换道，达到了国际先进水平。

图 6-18 用于战场侦察的无人机器人"龙行者"（Dragon Runner）

随着中国智能车的快速发展，中国在 2019 年也举办了第一届"智能车未来挑战赛"，此后每年均会举办。这项比赛也模拟了城市、乡村的各种路况，让各种智能车辆各显神通，按照要求完成比赛内容。

图 6-19 进行自动驾驶测试的红旗 HQ3 车型

🔓 自动驾驶汽车的关键技术

　　自动驾驶汽车与普通汽车相比有哪些差别呢？由于需要由计算机来分析路况以及控制汽车的各项操作，因此自动驾驶汽车需要综合计算机技术、人工智能技术、运动控制技术、通信技术等多个领域的内容，是一个极为复杂的系统。其主要系统可以分为 5 个部分：环境感知系统、路径规划系统、计算机系统、决策控制系统。

环境感知系统

　　我们人类开车时需要靠双眼来看见周围的路况，通过耳朵来听到后方车辆的喇叭声，而环境感知系统就像是自动驾驶汽车的眼睛和耳朵，能够帮助自动驾驶汽车收集必要的路面信息。这个系统主要是由多种传感器构成的，如摄像头、雷达（激光雷达、毫米波雷达）、红外传感器等。摄像头以及激光雷达在自动驾驶汽车中的应用较为广泛。摄像头能够让汽车看到前面的路况，就像我们用眼睛观察路面一样，这就意味着汽车的这一双"眼睛"需要能够区分出它所看到的东西，区分出行人、电线杆、房屋等物品。如果前方的路面上是一个柔软的塑料袋，汽车就可以不用减速直接开过去；而如果前方是一只卧在马路上的猫，汽车就要减速，鸣笛或是绕道而行。另外，这双"眼睛"也需要能够读出标志牌上的信号，识别出红绿灯信号，在绿灯只剩几秒钟时判断是减速停下还是继续行驶；在禁止超车的路段遵守规则不主动超车，在识别到禁止超车解除时才超过前面慢悠悠的其他车辆。如此复杂的功能，就需要我们前面介绍的深度学习技术来加以辅助。

　　尽管摄像头能够看到前面的路况，能够看到行人、房屋等静止物体，但如果想知道周围物体的运动状态，例如，提前判断前面的一辆自行车是会继续直行还是会转弯，在路边的行人究竟是静止不动的还是正在准备过马路，以及车辆的后方是否有车辆接近，现在是否可以转向等，都需要激光雷达来提供帮助。激光雷达能够 360 度扫描周围环境，而不像我们人的眼睛只能专注面前的 180 度。另外，激光雷达能够看到障碍物后面的情况，例如，当我们在十字路口等红绿灯时，我们的视线可能被前面的大货车挡住，这时我们完全看不见前面的路况，而激光雷达能够透过障碍物，看到障碍物后面的情况，因此，激光雷达具有比我们人类视觉具有更大的优势，它几乎不存在盲区。仅从这一点上看，自动驾驶汽车的环境感知系统就能够帮助我们减少交通事故的发生。

路径规划系统

顾名思义，这个系统主要负责车辆的行驶路径。路径规划实际上也分成两种方式，整体路径规划和局部路径规划。整体路径规划我们已经非常熟悉了，就是设定出发点和目的地，这和我们手机上的地图导航软件以及现在车辆上的导航系统类似，系统会自动从多条线路中选择路程最短、最快捷或是堵车程度最低的道路行驶，这项技术已非常成熟了。而局部路径规划的技术要求相对较高，它主要负责对车辆行驶过程中躲避障碍、换道时的路径进行规划，因此又叫作"避障规划"。汽车在行驶过程中，一旦出现障碍物或其他可能造成危险的车辆，车上的雷达会对这个危险物体的运动进行跟踪，从而判断潜在的风险，对车辆的路径做出调整。现在的自动驾驶车辆对风险的判断和评价的频率能够达到每秒钟 10 次，这已经远远超过了人类驾驶员对风险的判断效果，但科学家们仍在努力提升自动驾驶车辆这一判断频率，以确保行车安全。在城市环境中，可能出现较为复杂的路况，这对于车辆的局部路径规划能力以及车载计算机的运算能力都是极大的考验（见图 6-20）。

图 6-20　车载计算机是自动驾驶汽车的核心

计算机系统

计算机系统可以说是自动驾驶汽车的核心部分。就像我们的感受器官收集到的信号都会传递到大脑一样，自动驾驶汽车的传感器搜集到的信息也都会传到汽车的这个"大脑"中进行分析处理。比如上面提及的激光雷达和摄像头收集到的图片及信号，都需要在这里进行处理，判断自动驾驶汽车周围的物体究竟是何物。而需要处理大量信息的局部路径规划所涉及的具体算法，也在这个计算机系统中运行。

另外，这个计算机系统还要足够聪明，学会"读懂"自动驾驶汽车看到的景象。例如，在自动驾驶汽车的右前方有骑自行车的人伸出了左手，这个系统需要意识到这名骑行者想要左转弯，而不是想和车内人员来一次击掌庆祝。另外，如果有警察向自动驾驶汽车打手势，自动驾驶汽车也不能假装视而不见，需要按照警察的意思停车，在警察做出允许离开的手势之后，自动驾驶汽车还不能傻傻地停在那里。这一切都不是一台"愚蠢"的计算机能够解决的。对于自动驾驶汽车的各项功能的研究，都会涉及对计算机系统的研究，因此可以说这一部分是研究自动驾驶汽车时最为核心的内容。

决策控制系统

决策控制系统的功能就和人类驾驶员的四肢一样，在"大脑"做出决定后，这一系统将把这些决定付诸实践。尽管有很多人都在为考驾照而发愁，但是对于控制系统来说，开车并不是什么难事，因为开车无非就是三个内容：加速、转向和制动。加速是比较容易实现的，只要将踩油门踏板的力度转换成电信号，就可以实现非常精确的供油，这可能会比我们人类驾驶员开车更加省油。而转向也是非常容易做到的，通过传感器获得方向盘转动的角度，并将其传给其他单元，由其他单元分析对应的驱动力，驱动轮胎进行转向。同时，为了保证安全，自动驾驶汽车上的转向系统往往还保持原有的机械系统，为人类驾驶员在紧急情况下采取必要措施提供便利。制动也就是我们常说的刹车，可能较前面两项稍微复杂一些，我们在刹车时往往只需要脚下一踩，汽车就能停下，而实际上，让汽车停下来，仅靠脚上那一点力量是完全不够的，这个过程需要非常大的力量。另外，如果刹车踩得过猛，也有可能出现抱死（车轮不转，但车子由于惯性仍向前滑动）的情况，因此在制动方面，科学家和工程师们投入了大量的精力，以确保车辆能够在应该减速或停下的时候顺利实现。

自动驾驶的等级

　　2016 年，特斯拉的"自动驾驶"汽车发生过两起重大交通事故，这两场车祸的原因都被认为是车辆的自动驾驶系统故障。尽管特斯拉强调他们的车辆是"辅助驾驶"而非"自动驾驶"，需要司机全程操纵方向盘和制动以防出现紧急情况，但"自动驾驶"这个名称难免让人误解。那么自动驾驶和辅助驾驶究竟有什么区别呢？

　　按照美国高速公路安全管理局（NHTSA）和国际汽车工程师协会（SAE）的划分，自动驾驶被分为 L0~L5 六个级别（NHTSA 最初定义为 L0~L4，后来也采用了 SAE 的标准）。L0 的定位是无自动化，就是我们现在大多数汽车所处的状态。L1 的定位是辅助驾驶，还是由驾驶员负责主要的驾驶任务以及对路面的观察，辅助驾驶系统能够辅助人类驾驶员进行加速减速以及转向的部分工作。L2 的定位是部分自动驾驶，自动驾驶系统能够完成加速、减速以及导航功能，但对车辆周围环境的观察以及应急情况的处理还需要由人类驾驶员来完成。L3 的定位是有条件的自动驾驶，车辆能够自动搜集周围的信息，并且自动完成大部分的驾驶功能，但是当车辆遇到难以解决的问题时，将会需要人类驾驶员来辅助完成，相当于人类驾驶员处于辅助地位，人类不再需要时刻盯着路面观察。L4 的定位是高度自动化，这个情况下，车辆能够在大部分道路情况下行驶，并且完成这些路况下的所有行车操作，也就是说在特定的路况下可以完全交给车辆来处理，仅仅是非常特殊的路况才需要人类驾驶员来干预。我们想象中的自动驾驶往往是处于这个级别的。而 L5 等级就是完全自动驾驶，完全由系统来完成所有操作，这一级别的自动驾驶汽车理论上来说是可以不用装方向盘和其他人类驾驶时需要的设备的。

　　我们在 2016 年的两起事故中能够看到，特斯拉的自动驾驶汽车所提供的自动驾驶系统仅为 L1~L2 级别而已，在其说明书中也标注了"需要驾驶员观察路况以及采取必要措施"，并非 L4 或 L5 级别的自动驾驶。因此在事后，特斯拉也将"自动驾驶"这个叫法换成了"自动辅助驾驶"以避免误解。

自动驾驶汽车的领军公司

我们普通人对自动驾驶汽车的了解，可能最早源自于谷歌公司的自动驾驶汽车视频。虽然谷歌并非最早涉足自动驾驶汽车这一领域的公司，但由于其在数字化地图方面、人工智能领域的巨大优势，以及其拥有优秀的科学家资源，所以很快便在自动驾驶领域就崭露头角。

在 2010 年前后，谷歌公司就开始了自己的自动驾驶汽车项目，并在 2012 年取得了美国内华达州的自动驾驶汽车上路行驶权利，同年就进行了 20 万千米的测试数据。2016 年，谷歌的自动驾驶汽车项目独立出去，成为谷歌母公司 Alphabet 旗下的子公司 Waymo（见图 6-21），并不断测试自动驾驶系统性能。但在现实中获取测试数据的方式效率较低，为了更有效地进行测试，工程师们为 Waymo 量身定做了一款"游戏"。在这个虚拟世界中，Waymo 汽车可以不断模拟路面行驶，在行驶过程中还会受到众多突然事件的考验。这个游戏系统看似和我们玩的游戏类似，但实际上它比我们玩的大多数赛车游戏高级，包含了美国奥斯汀、山景城、凤凰城等多个城市的完整模型，并且有 25000 辆自动驾驶汽车在这个系统中模拟行驶，这些汽车的程序算法与现实中的自动驾驶汽车完全相同。在这个系统中，工程师们还会给车辆设置各种极为复杂的路况，希望通过这些极端的情况将算

图 6-21 谷歌的 Waymo 无人驾驶汽车

法的薄弱之处暴露出来并加以修正，毕竟在虚拟世界中出事故总比在现实道路中出事故好。

2016 年，这些虚拟汽车模拟行驶路程达到了 25 亿英里（1 英里 ≈1.6 千米），结合现实世界中 Waymo 汽车路面测试行驶的 300 万英里数据，工程师们希望能够将自动驾驶的程序算法打造得近乎完美。毕竟人们对自动驾驶汽车的担忧很大一部分来自于对其算法可靠性的担忧，例如自动驾驶汽车能否识别出路面上的障碍物，能否在发生危险之后及时采取必要措施，这些都有赖于可靠的算法。

谷歌自动驾驶汽车的研究者认为，每年有120万人死于交通事故，其中94%的事故是由人为原因造成的。例如，在开车的时候打电话，或是行车时候的视觉盲区导致驾驶员无法看清路况，以及新手司机太过紧张错将油门当刹车等。如果用激光雷达和计算机算法来执行这些操作，这些情况是不会出现的，这将使事故的发生率大大降低。另外，自动驾驶还能够为视觉障碍人士、孩子、老年人提供极大的便利，在没有人陪伴的情况下，自动驾驶汽车也能将他们送到想去的地方。

该图由 Roberto Nickson 发布在 Pexels 上

在我国，百度公司也与江淮、宝马等汽车公司合作，在自动驾驶方面取得了极大的进展。2017年4月，百度的 Apollo 自动驾驶平台开放。同年7月，百度的自动驾驶汽车在北京五环上进行了测试，尽管测试中也出现了压实线变道风波，但是这仍不能掩盖自动驾驶汽车整体的优秀性能。虽然国家并没有出台自动驾驶汽车的相关政策，大部分人也对自动驾驶汽车的性能表示担忧，但随着自动驾驶汽车算法的不断优化，由自动驾驶汽车自身造成交通事故的可能性正在大幅降低。而一些不遵守交通法规的人类司机可能远比自动驾驶汽车更危险。

特斯拉公司虽然在自动驾驶领域中发生过悲剧，但特斯拉之前推出的 Autopilot 1.0 仅为

图 6-22 特斯拉 Autopilot 系统

©Tesla

辅助驾驶（见图 6-22），而特斯拉近期表示将开始推出能够具有真正自动驾驶功能的 L5 级别的 Autopilot 2.0。虽然自动驾驶汽车的概念炒得非常火热，各大公司也都希望能够尽早搭上自动驾驶这趟"车"，但是由于自动驾驶的研发需要投入大量精力，一些公司也在研发方面碰到了障碍，例如优步以及苹果。可见自动驾驶所设计的科技可能远比我们想象的要复杂。

自动驾驶除了在小型汽车上有应用之外，在大型卡车上也有应用。在我国，2016 年发生了 5 万多起卡车责任道路事故，造成超过 2.5 万人死亡，超过 4 万人受伤。事实上，超过 90% 的卡车事故也是由人为因素造成的。由于卡车司机往往需要长途运输货物，需要长时间驾驶，如果没有条件进行轮班驾驶，就非常容易出现疲劳驾驶的情况。因此，各大公司在研发自动驾驶汽车时，也把眼光投向了卡车，如果能够将自动驾驶应用于卡车领域，卡车司机也可以不用再那么辛苦。当然，这也意味着一批卡车司机将面临失业的风险。特斯拉、优步、Waymo、沃尔沃等公司也都开始了自动驾驶卡车的研究。优步旗下的 Otto 也在 2016 年完成了首次自动驾驶卡车的测试，这辆卡车以 L4 级自动驾驶在高速公路上行驶了近 200 千米，成功将商品送往目的地。

 ## 自动驾驶汽车面临的问题

自动驾驶汽车虽然有非常优异的性能，但很多国家都尚未允许自动驾驶汽车上路。因此，自动驾驶汽车面临着一些政策性的问题。自动驾驶汽车一旦出现问题，对于事故的责任认定也存在着很多问题。一辆处于完全自动驾驶状态的汽车如果发生了碰撞，那么责任究竟属于车主还是属于制造汽车并提供自动驾驶服务的公司？在相关的政策法律完善之前，自动驾驶汽车也无法普及。因此，我们普通人暂时还不能体验到自动驾驶普及给我们带来的便利。除了法律上的问题外，自动驾驶汽车的制造商也面临着一些道德方面问题的考验。在自动驾驶汽车面临着危险时，该让算法如何处理？如果车辆就要撞上前面的障碍物，而旁边的道路上又恰好有行人时，自动驾驶汽车究竟是选择保护车内人员的生命安全，还是选择保护行人的生命安全？虽然这些问题看起来非常像哲学问题，但这也是自动驾驶算法的设计师们无法回避的问题。因此，善于编程的程序员们在处理这种问题时也像在高空走钢丝一样。

人们除了对自动驾驶汽车的行驶安全有担忧之外，对于自动驾驶汽车的信息安全也有担忧。例如我们所驾驶的车辆是否会被黑客入侵？尽管现在并没有专门入侵自动驾驶汽车的黑客，但并不能保证在自动驾驶汽车普及后的未来仍没有人心生歹意，就像30年前还没有人会去制作手机病毒一样。对于一辆处于自动驾驶状态中的汽车而言，能够入侵自动驾驶系统的黑客或是病毒可能远比路面上的障碍物和来来往往的车辆更为可怕。

对于自动驾驶汽车，我们应当是充满期待的，毕竟谁不想自由出行而无须麻烦别人呢？谁不想在去郊外游玩的路上享受和家人在一起的轻松时间？我们期盼自动驾驶时代的到来，但是同时，我们也希望研发自动驾驶车辆的公司能够在确保车辆安全的情况下，才将这种车辆普及到我们生活的每一个角落。

机器的崛起

当今社会，我们的出行可谓便利至极。我们可以骑自行车去街道的任何一个角落，可以坐出租车或地铁、公交到城市的每一个小区，而如果坐上时速 300 公里的高铁，那么几个小时之后，我们就能到达千里之外的城市去见一个许久未见的朋友。这些带着我们四处穿行的交通工具都具有一个共同的特征，那就是具有轮子。连在天上飞行的载客飞机在起降的滑行阶段也离不开轮子。苏美尔人在公元前 3000 年前发明轮子的时候，可能没有料想到他们的这项发明能够给后世带来如此深远的影响。现代社会的每一个人无不享受着汽车、火车这些"轮式"交通工具给我们的出行生活带来的便利。

看起来，有了这些交通工具，我们就能够在陆地上畅行无阻，但事实可能并没有想象中那样乐观。如果你想去森林间徒步，或是去崎岖的山地来一次探险，这些车辆的便利性就要大打折扣了。而在一些泥泞的滩涂地区或沟壑纵横的峡谷地带，车辆将寸步难行，在这些地区，我们的双腿可能比这些带轮子的交通工具更方便。事实上，在地球上能够供汽车、火车等靠轮子驱

动的交通工具行驶的区域并不多，还达不到地球陆地面积的一半。地球看似平坦的表面实际上遍布着丘陵、山脉、丛林等车辆的"禁区"。

这些区域虽然是车辆的禁区，但是对于各种各样的生物来说，可以说是天堂。飞禽走兽可以在这些区域自由自在地活动。它们靠自己灵活的四肢能够轻盈地穿行在这样的"车辆禁区"之中，可见腿在这些区域就远比轮子好使了。假如我们有足够多的体力，走再多的路也感觉不到疲惫的话，靠着我们的双腿，我们几乎可以到达陆地上的任何一个角落。科学家们也希望能够制造一种能够在森林、峡谷、滩涂地带都能如履平地的交通工具，于是有一批科学家投身于研制用腿走路而不是靠轮子移动的机器人。他们希望机器人通过模仿人类或是其他动物的行走方式，轻松穿行于轮式车辆的禁区之中。

会走路的机器人看起来很高级，但其实在半个世纪以前，就有人开始尝试制造用腿走路的机器人了。截至目前，科学家们已经研制出大量用腿走路的机器人。这些机器人采用的往往是仿生学的设计，模仿人类或者是其他动物的走路模式。它们能够和我们一样走路、跑步、跳跃、上下楼梯、跨越障碍物，有些甚至还可以做简单的体操练习。由于机器人模仿的生物种类十分繁多，因此这些仿生机器人的结构差异也非常大。仅从腿的数量上来看，就有 0 条腿（蛇形机器人）、1 条腿、2 条腿、4 条腿、6 条腿、8 条腿的机器人。但无论这些机器人有几条腿，无论它们模仿的是什么动物，它们都具有两个最基本的动作：站立、行走。

所有用腿行走的动物都能够用腿支撑着自己的身体站立，即使是趴着行走的动物，它们的腿也将支撑它们的身体离开地面。站立这个动作看起来极其简单，只要通过垂直于地面的反作用力让自己站在那里一动不动就可以。但实际上，想让机器人站稳并不是一件容易的事情。正如汉斯·莫拉维克所说，对计算机而言，实现逻辑推理等人类高级智慧

汉斯·莫拉维克（Hans Moravec）

莫拉维克（1948—），卡内基梅隆大学移动机器人实验室主任，在机器人、人工智能领域颇有建树，著有《智力后裔：机器人和人类智能的未来》《机器人：通向非凡思维的纯粹机器》。

只需要相对很少的计算能力，而实现感知、运动等低等级智慧却需要巨大的计算资源。想象一下，如果你购买了一个机器人管家，它在不工作的时候就整天懒散地靠在墙上或是瘫在家里的沙发上，那你一定会要求退货。正所谓站有站相，科学家们设计的机器人在站立时，每条腿上的传感器能够将所受的力反馈到计算机中，计算机根据这些数据不断调节站立的姿态，使得每条腿上各个部件之间受力均匀，这才能够让机器人稳稳地站住。

在让机器人站稳之后，就该让机器人动起来了。机器人在行走时最重要的是保持重心，不能走两步摔一跤，最稳妥的就是采取"对称原则"来迈腿。根据算法，这些机器人能够将脚落在特定的区域，从而保持身体的平衡。在制造用腿走路的机器人方面，波士顿动力公司（Boston Dynamic）可以算得上是行业巨头了。它们几款用腿行走的机器人视频在网上流传甚广，视频中机器人的运动能力以及平衡能力颠覆了很多人对机器人的看法。我们在这里将详细介绍几款波士顿动力公司生产的先进的机器人。

大狗机器人

大家了解到大狗（Big Dog）机器人，可能是通过网上流传的一个视频。一个长得像一只"无头大狗"的机器人扛着一堆货物悠闲地走着，旁边一个身材魁梧的人用力踹了一脚大狗的身子，大狗跟跟跄跄地调整了几步之后就摆正了身体，又重新回到行进路线上。这个机器人调整重心时的动作和真实的四足动物调节重心时非常相似，一个机器人竟然有如此强大的自我调节能力，简直像科幻电影中的场景。

大狗机器人实际上在 2008 年就已被研制出来。这款机器人是在 DARPA 的资助下研制的，相信在阅读了前面的章节之后，大家对 DARPA 已经不陌生了。根据美军士兵在阿富汗地区的战场反馈，阿富汗战场上的美军士兵需要携带 45 千克的武器弹药和补给品。这些装备如果在有车辆运输的情况下并不是什么大问题，但是阿富汗是一个多山地地形的区域，并且在实际作战时，往往要深入这些山地，因此美国大兵们在很多情况下都指望不上他们的车辆，只能自己背着，或是去掉一些他们认为"不必要"的装备来减轻负担。背着 45 千克重的装

225

备行军倒不是太大的问题，但如果背着这么重的装备遭到突袭，那么这些笨重的装备可能会让士兵行动迟缓，从而危及他们的性命。在这种情况下，如果能够有一个能够在山地灵活行动的机器人帮助他们搬运装备，那么士兵们就能更好地投入战斗。基于这些经验，DARPA希望能够制造一款机器人，这款机器人能够到达任何人或动物能够到达的地方，并且能够拥有很强的抗干扰能力以及稳定性。波士顿公司的大狗机器人就是这样一款机器人。

大狗机器人（见图 6-23）身高 1 米、体长 1.1 米、宽 0.3 米，和一只体型较大的狗差不多。不过由于这款机器人是个铁家伙，体重达 109 千克，比一只普通的狗要重很多，因此并不能像真正的狗那样灵活地奔跑。但大狗机器人却是一个大力士，在平坦的路面上，它可以携带大约 200 千克的物资，在崎岖的山路上负重能力可能略有减少，因此大狗的研发者们也还在继续提升大狗的负重能力，现在已经有了能够负重 500 千克的"升级版"大狗，体型也比原版大上好几圈。

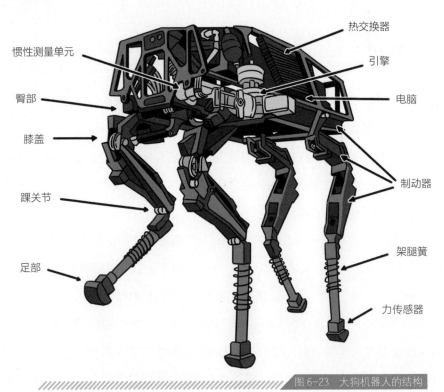

图 6-23 大狗机器人的结构

大狗具有三种行走模式。首先是正常的行走模式，这一模式下的走路速度与一个普通成年人的走路速度相当，大约是每秒 1.6 米。但有时在碰到障碍物时，以正常姿态可能无法穿越，这时候大狗能够使用另一种模式——爬行模式。在爬行模式下，大狗的行进速度是每秒 0.2 米。除此之外，大狗还可以奔跑，虽然它看起来非常笨重，但是奔跑时的速度可以达到每秒 2 米，在实验室里还达到过每秒 3.1 米的速度。虽然算不上快，但是考虑到它扛着士兵的装备在崎岖的山路上穿梭，这一速度还是相当不错的，并且研发团队还在不断对其进行优化，提高它的行走速度。大狗还能跳跃 1.1 米高，这一跳跃能力足够让大狗应付绝大多数的障碍。它能够负重穿越雪地、泥泞道路以及各种倾斜表面，包括岩石路面、碎石路和有车辙的山路。大狗的爬坡能力也令人震惊，研发人员设计了大狗特殊的四足行走算法，在计算机模拟测试中，发现大狗能够在坡度达 60° 的情况下行走，并且在水平面和斜面间可以切换自如，即使在行走过程中路面突然变化（如岩石晃动、滑落等）也可以应对自如。大狗的步态协调算法让它每条腿上的信息能够相互交流，以保持最稳定的步态。在上坡时，身体会向前倾，下坡时身体会向后倾斜，这和我们人类在爬山过程中的动作非常类似。在坡度大于 45° 的路面上，大狗也会采用更小的步伐而不是大踏步前进，从而确保安全。

大狗的动力系统

我们知道，大狗这样体型庞大的机器人在爬行、奔跑和跳跃甚至是站立时都是需要消耗大量能量的，要想实现在野外行走，大狗不能拖着长长的输油管到处乱跑，也不会有个侍从跟着他给它拿着油桶，大狗机器人需要自己扛着自己的能源和动力装置行走。

大狗的动力是由一台二冲程内燃机提供的，这台内燃机能够提供 15 马力的动力。为了提高能量传递效率，大狗的众多零件均采用 2 级航空级别零件，以降低摩擦力。大狗全身遍布着多种多样的传感器，每个动力装置、缓冲装置均装有传感器，例如惯性传感器、力传感器、温度传感器等。这些传感器时时刻刻都在监视着大狗的运动状况、各部件的受力状况以及大狗整体的平衡状态、液压流量以及温度、引擎转速、温度等。这些传感器信号将全部传送至大狗携带的机载计算机，由计算机来分析大狗的表现，从而及时调整。如果大狗没有成功做出某项动作，计算机也会搜集失败数据，从而方便后续对大狗进行优化。目前大狗最长的持续运行里程是 10 公里，大约消耗 2.5 小时左右。但波士顿动力公司对此并不满足，他们希望通过改进让大狗能够连续工作 20 个小时以上，以胜任更加复杂的战场任务。

大狗的眼睛

大狗机器人的外形看起来像是一只没有脑袋的狗，那它的眼睛长在哪里呢？其实对于机器人来说，眼睛并不一定非要长在脑袋上，大狗的眼睛就是直接长在身体上的，而且它的眼睛不仅仅包括一个立体视觉系统，还具有一个激光雷达。立体视觉系统由一对立体摄像机、一台电脑和一个视觉处理软件构成。通过对"看到"的图像进行分析，计算机能够为大狗规划出最佳路线。大狗的激光雷达除了能够看到身体 360 度范围内的物体外，还能够分辨出周围的人是己方士兵还是敌人，并且在接到跟随的命令后，能够通过雷达锁定要跟随的人类，跟着这个人走走停停。自动跟随功能在战场上也是非常有实用价值的，在战场环境中一个班的士兵能够将战斗中不太需要的锅碗瓢盆等装备放在大狗身上，自己只带着枪支弹药与敌人交战，大大增加自己的灵活性。大狗机器人也会在不干扰士兵作战的情况下跟随在这群士兵的身后，在非战斗状态下为士兵提供后勤保障。同时大狗的敌我区分系统也能保证大狗不会跟错主人，更不会把重要的战略物资运送给敌人。

大狗的控制系统

大狗机器人携带的机载计算机负责对大狗的各种动作进行协调控制。这种控制分成两种类型，高阶控制和低阶控制。高阶控制系统负责整体控制协调大狗运动时的身体速度、高度、姿势等。大狗操作员对大狗进行控制时采用的操作控制单元（OCU）就属于高阶控制。这些操作界面均是通过可视化数据来显示的，从而简化操作员的操作。他们只需要输入高级的指令如蹲下、站立、走或者小跑，大狗就会在计算机的指导下完成相应的动作。操作员们在操作中并不需要考虑大狗走路时的哪条腿该落在什么位置，哪个关节应该弯曲，哪个关节应该伸直。这些高级指令传达到计算机之后，计算机会进行快速分析计算，由计算机决定每一个动力装置具体如何运作，这个决定运动细节的过程就是低阶控制。

在高阶控制与低阶控制的配合下，大狗能够完成很多动作。它除了可以完成站立、蹲下、小跑、跳跃等基本动作外，还可以在跑动的过程中跳跃、俯下身子爬行、抬起一条腿爬行或是抬起两条斜对着的腿小跑，相信这种动作连真正的狗也是很难做到的。大狗的每一个动作可能看起来很简单，但实际上，在做每个动作时低阶控制系统都需要进行非常复杂的调控。就以最简单的站立为例，虽然看起来大狗只是站在那里一动不动，而大狗的机载计算机却正在时刻不停地侦测各个传感器传回的数据，并通过算法控制脚和关节的各种细微动作，通过这些精细的调节，让大狗四肢受力均等，降低关节力矩，从而提高大狗的承重性能。我们人类是否也是一样呢？

 ## 未来的大狗

虽然大狗机器人已经具备了相当优异的性能，但是波士顿动力公司没有安于大狗的现状，而是希望研制性能更加出色的新一代大狗机器人（见图6-24）。因此波士顿动力的研发人员提出了4个主要的优化内容。

1. 应付更崎岖的地形。虽然目前的大狗能应付很多崎岖地形，但研发人员希望它能够应付更加崎岖和陡峭的地形，从而真正能够到达陆地上的任何一个角落，同时能够装载更多的负重，毕竟研制大狗就是希望它能够更好地搬运物资。这些要求对大狗的机械强度提出了更高的要求，同时也需要更先进的路面传感器来帮助大狗更好地分析路面信息。

2. 自己翻身的能力。虽然大狗在被人推搡、踹开之后能很好地保持平衡，并且其视觉系统也能够保证其走路时不会踏空。然而在实际战场上的使用过程中，士兵们发现大狗还是有可能出现走路时一脚踩空翻入小坑或是翻到路边田地中的情况。在这种情况下，大狗机器人往往自己无能为力，需要在人类的帮助下才能重新站起来。因此研发人员希望下一代大狗在遇到这种情况的时候能够来一个"狗打滚"，重新站起来。

3. 更加安静。无论是在研发人员的研发过程中，还是在战场上士兵的实际使用过程中，

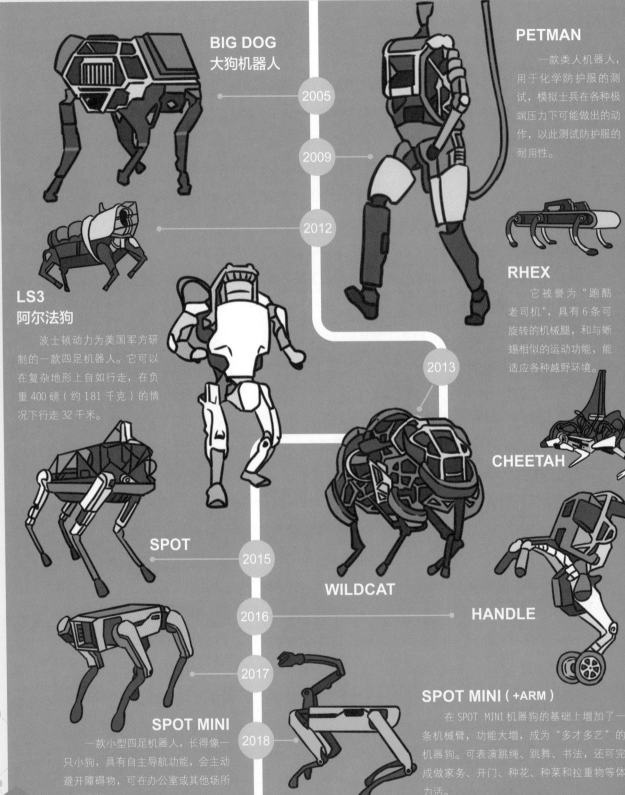

BIG DOG
大狗机器人

2005

PETMAN

一款类人机器人，用于化学防护服的测试，模拟士兵在各种极端压力下可能做出的动作，以此测试防护服的耐用性。

2009

2012

RHEX

它被誉为"跑酷老司机"，具有 6 条可旋转的机械腿，和与蜥蜴相似的运动功能，能适应各种越野环境。

LS3
阿尔法狗

波士顿动力为美国军方研制的一款四足机器人。它可以在复杂地形上自如行走，在负重 400 磅（约 181 千克）的情况下行走 32 千米。

2013

CHEETAH

SPOT

2015

WILDCAT

2016

HANDLE

2017

SPOT MINI（+ARM）

在 SPOT MINI 机器狗的基础上增加了一条机械臂，功能大增，成为"多才多艺"的机器狗。可表演跳绳、跳舞、书法，还可完成做家务、开门、种花、种菜和拉重物等体力活。

SPOT MINI

一款小型四足机器人，长得像一只小狗，具有自主导航功能，会主动避开障碍物，可在办公室或其他场所自由穿行。

2018

图 6-24 波士顿动力的机器

大家一致认为大狗是一台非常"吵闹"的机器人，听起来像一台行驶中的摩托车。对于研发人员来说，可能只要戴个耳塞就能轻松解决这一问题，但是这对于战场上的士兵来说是致命的。当一队士兵悄悄来到一个村庄时，大狗机器人的轰鸣声不仅会让自己的士兵吓一跳，还会让敌人知道有人来偷袭了。这种会打草惊蛇的噪音在战场上是不能被接受的。因此研发人员计划通过几个环节来造一个更加安静的大狗。首先他们想给大狗换一个新的四冲程发动机，然后将发动机和液压泵封闭起来，就像是给大狗穿上一件衣服，最后再为大狗特制一个消声器。通过这些方式，就能让这只吵闹的大狗安静下来。

4. 更自动化。大狗目前仍需要人类的引导才能通过十分崎岖的地形，但以后的版本中，波士顿动力将用计算机视觉、激光雷达和 GPS 为大狗提供更全面的自主行走功能。目前研发人员已经做了一些实验，这些实验中已经实现了让大狗用激光雷达全程跟随人类，或是让大狗在完全没有人工干预的情况下到达 GPS 指定的地点。

🔓 奔跑的机器人

如果说大狗机器人的主要任务是搬运物资，那么猎豹机器人和野猫机器人（Wild Cat）就是波士顿动力为追求四足机器人的快速奔跑而研发的机器人。这些机器人的奔跑速度已经超过了目前跑得最快的人类——100 米世界纪录的保持者博尔特。尽管博尔特开玩笑地说："如果让这种机器人在后面追我，我能跑得更快。"但相信在经过更多的训练调试之后，机器人的奔跑速度将轻松超过人类。

猎豹机器人的最快奔跑速度能达到 48 千米/小时。它是由电力驱动的，因此在奔跑时需要电线为它提供源源不断的电力。由于猎豹机器人是在实验室里开发的一款原型机器人，它的测试是在没有风阻的室内跑步机上进行的，并不能体现机器人在真实环境中的机动性。而基于猎豹机器人的控制系统开发出的野猫机器人，能够在室外环境中跑出 32 千米/小时的速度。

野猫机器人不需要电线来给自己供电，它是由一个甲醇发动机来驱动的。野猫机器人高

1.17 米，重量达 154 千克，但是这个体重丝毫不影响它的敏捷性，它能够以最高速度奔跑，并且能够在极短的距离内急停。

 ## 轮子机器人

除了阿猫阿狗之外，波士顿动力还开发了具有多种外形和功能的机器人，例如在腿上装了轮子的 Handle 机器人，这种设计使得其综合了轮子和腿的双重优势。它在平地上能够用轮子快速移动，而在面对楼梯和山地时，又能够发挥出腿的优势。虽然 Handle 机器人综合了两个设计的优势，但它的动作控制并没有比大狗机器人复杂多少，相反，它只有 10 个制动关节，而大狗具有 16 个关节。

 ## 类人机器人

波士顿动力的另一款机器人 Atlas 是一款模仿人类的机器人。这款机器人可以称得上是最先进的类人机器人了（至少在行走和保持平衡方面如此）。这款机器人身高 1.5 米，重 75 千克，从体型上来说和人类是非常接近的。Atlas 全身有 28 个关节，通过计算机的控制能够协调手臂、腿以及全身的各种动作。Atlas 能够和大狗机器人一样在受到外力时踉踉跄跄地调整自己的重心，重新站稳；在摔倒后也能够自己爬起来，甚至还学会了翻筋斗。在调整重心方面，Atlas 可谓是专家，它能够在宽 2 厘米的木板上单脚站立 20 多秒，可能比普通人的平衡力还要好。Atlas 目前能够胜任的工作还相对有限，它能够像人类一样搬运一些东西，能够穿越各种复杂地形，但是和我们在科幻片中看到的机器人相比还是有很大差距的。尽管大多数时候它们还是表现得很不错的，但有时候它们连放箱子这样的任务都会干得一塌糊涂，这说明它们仍然存在很多需要改进的方面。

虽然这些机器人还有众多的不完善之处，但是这些机器人是对人工智能领域的先进技术的综合应用，相信随着人工智能技术的进一步发展，我们在科幻片中看到的机器人也将成为现实。

畅想未来的机器人

根据麦肯锡咨询公司预测，到 2030 年，全球有 8 亿人的岗位将被机器人取代，其中，中国有 1 亿人面临职业转换。智能机器人将融入人们的日常生活中，几乎重塑整个世界。那么未来的机器人是怎样的呢？

有人认为未来的生活场景会像科幻电影或小说描述的那样，人类与长得和自己一样的仿生人一起生活，仿生人甚至追求获得人类的情感和知觉；有人认为未来的生活表面上不会和现在有太大区别，只不过家居、出行、学习和工作各方面都有智能机器的辅助，但它们的外形不会以仿生人的形式出现；还有人认为未来的机器人甚至不会有物理意义上的形体，而是无形的能量，人类使用精神控制它们，听起来像是高配版"元宇宙"……无论是哪一种情景，我们能做的唯有——做好迎接未来的准备。

正如《视读人工智能》一书所说，在讨论人工智能的未来前景时，一种明智的做法是看看在不久的将来可能发生什么……

早在 1988 年，著名机器人学家汉斯·莫拉维克（Hans Moravec）就预言了机器人的演化。

莫拉维克预言：2040 年前，机器人的计算能力将达到 1000000 亿次 / 秒，智力水平赶超人类。

现在是 2022 年，AlphaGo 的计算能力已达 3414000 亿次，事实上机器人已经在很多方面打败了人类。

但莫拉维克悖论依旧存在。要让计算机如成人一般下棋是相对容易的，但是要让计算机拥有一岁小孩般的感知和行动能力，却是相当困难甚至是不可能的。

机器人的"崛起"是很多影视剧和科幻小说的题材，但实际上我们距离通用人工智能（Artificial General Intelligence，AGI）还十分遥远。

《终结者》

在实现 AGI 之前还要经历多次巨大的科技变革，这需要一代又一代人不懈的努力。

终点

但是我们要谨慎地将人工智能引向正道，为人类创造更美好的未来。

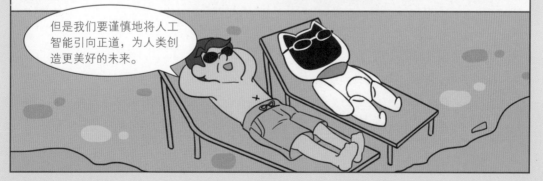